Lecture Notes in Mathematics

Edited by A. Dold and B. Eckmann
Series: Institut de Mathématique
Faculté des Sciences d'Orsay
Adviser: J.-P. Kahane

632

Jean-François Boutot

Schéma de Picard Local

Springer-Verlag
Berlin Heidelberg New York 1978

Author
Jean-François Boutot
Département de Mathématique
Université Louis Pasteur
7, rue René Descartes
67084 Strasbourg/France

Library of Congress Cataloging in Publication Data

Boutot, Jean François.
Schéma de Picard local.

(Lecture notes in mathematics ; 632)
Includes indexes.
Bibliography: p.
1. Picard schemes. 2. Functor theory. I. Title.
II. Series.
QA3.L28 no. 632 [QA564] 510'.8s [512'.33] 77-28935

AMS Subject Classifications (1970): 13F15, 13H99, 13T10, 13T15, 14B05, 14B15, 14C20, 14D20, 32B99, 32C35, 32C40, 32G13

ISBN 3-540-08650-1 Springer-Verlag Berlin Heidelberg New York
ISBN 0-387-08650-1 Springer-Verlag New York Heidelberg Berlin

Printing and binding: Beltz Offsetdruck, Hemsbach/Bergstr.
2141/3140-543210

Le mathématicien se réveille et dit
" j'ai eu bien chaud ! "

Robert DESNOS

TABLE DES MATIÈRES

INTRODUCTION

Soient k un corps et X_0 un k-schéma propre. Le foncteur de Picard de X_0 sur k est le faisceau en groupes abéliens pour la topologie étale sur les k-algèbres associé au préfaisceau qui, à une k-algèbre A , fait correspondre $\mathrm{Pic}(X_0 \otimes_k A)$. Ce foncteur est représentable par un k-schéma en groupes localement algébrique [5] (le schéma de Picard de X_0) dont le groupe des composantes connexes géométriques (le groupe de Néron-Severi de X_0) est de type fini [32].

Le but du présent travail est de construire un analogue local de la théorie précédente. Soient R une k-algèbre locale noethérienne d'idéal maximal $\underline{m}$ et de corps résiduel k et U l'ouvert complémentaire du point fermé dans Spec(R) . Pour toute k-algèbre A , on note $R \tilde{\otimes}_k A$ l'hensélisé du couple $(R \otimes_k A , \underline{m}R \otimes_k A)$ et $\tilde{U}_A = U \otimes_R (R \tilde{\otimes}_k A)$. On appelle <u>foncteur de Picard local de</u> R <u>au-dessus de</u> k , et on note $\underline{\mathrm{Picloc}}_{R/k}$, le faisceau en groupes abéliens pour la topologie étale sur les k-algèbres associé au préfaisceau $A \mapsto \mathrm{Pic}(\tilde{U}_A)$.

THÉORÈME 1.- (i) <u>Si</u> R <u>est de profondeur</u> $\geqslant 2$, <u>la section unité de</u> $\underline{\mathrm{Picloc}}_{R/k}$ <u>est représentable par une immersion fermée de présentation finie.</u>

(ii) <u>Si de plus</u> $H^1(U,\underline{O}_U)$ <u>est de dimension finie sur</u> k , <u>le foncteur</u> $\underline{\mathrm{Picloc}}_{R/k}$ <u>est représentable par un</u> k-<u>schéma en groupes localement de type fini d'espace tangent en l'origine</u> $H^1(U,\underline{O}_U)$.

Les hypothèses du théorème 1 (ii) sont satisfaites en particulier lorsque le complété de R est normal de dimension $\geqslant 3$. Ce théorème est démontré au chapitre II, on utilise pour cela le critère de représentabilité d'Artin [5] adapté à notre situation au chapitre I.

Au chapitre III on donne quelques applications du théorème 1, en particulier à des critères de parafactorialité qui généralisent le théorème de Ramanujam-Samuel ; puis on établit le lien entre le foncteur de Picard local de R et les revêtements abéliens finis de U et on considère le cas où R est l'anneau local d'un germe d'espace analytique complexe.

On appelle groupe de Néron-Severi local, et on note $\underline{NSloc}_{R/k}$, le quotient de $\underline{Picloc}_{R/k}$ par sa composante neutre. Sous les hypothèses du théorème 1 (ii), il est naturel de conjecturer que, si $\bar{k}$ est une clôture algébrique de k, le groupe $\underline{NSloc}_{R/k}(\bar{k})$ est de type fini. Dans cette direction nous obtenons au chapitre V le résultat suivant :

THÉORÈME 2.- Supposons k parfait et R excellent normal fortement désingularisable de dimension ≥ 3. Alors le groupe $\underline{NSloc}_{R/k}(\bar{k})$ est de type fini.

Il ne semble pas nécessaire de préciser ici l'hypothèse "fortement désingularisable" (V 3.3), elle est vérifiée dès que l'on dispose d'une bonne théorie de résolution des singularités. C'est le cas pour l'instant si k est de caractéristique 0 (H. Hironaka [30]) ou si $\dim(R) \leq 3$ (S.S. Abhyankar [2]).

Pour démontrer le théorème 2 on considère, pour tout R-schéma propre X, un foncteur auxiliaire $\underline{Pic}^{\#}_{\tilde{X}/k}$ que l'on étudie au chapitre IV. Si X est une résolution des singularités de R (supposé excellent normal à corps résiduel parfait), on décrit $(\underline{Picloc}_{R/k})_{red}$ en termes de $\underline{Pic}^{\#}_{\tilde{X}/k}$.

Pour plus de détails sur le contenu des différents chapitres, on renvoie le lecteur à la table des matières et à l'introduction placée en tête de chaque chapitre.

Avant de conclure, je voudrais exprimer ici toute ma reconnaissance à M. Raynaud, sans son aide constante et ses encouragements ce travail n'aurait jamais vu le jour. Ma reconnaissance va également à M. Artin, L. Breen et R. Elkik pour les discussions au cours desquelles ils m'ont expliqué leurs méthodes et leurs résultats, ainsi qu'à tous ceux qui m'ont encouragé par l'intérêt qu'ils ont porté à ce travail, en particulier J. Giraud, J. Lipman et L. Szpiro qui m'ont permis d'en exposer les états successifs dans leurs séminaires.

Madame Bonnardel a bien voulu se charger de la frappe du manuscrit, je l'en remercie vivement.

CHAPITRE I

COMPLÉMENTS AU CRITÈRE DE REPRÉSENTABILITÉ D'ARTIN

Dans ce chapitre nous analysons le théorème de représentabilité de M. Artin [5] dans le cas particulier d'un foncteur en groupes sur un corps. Le paragraphe 1 est consacré à la représentabilité de la section unité, en particulier à la condition d'injectivité du passage aux limites adiques. On utilise dans ce paragraphe un résultat sur les sections hyperplanes démontré dans l'appendice (§3). Dans le paragraphe 2 nous précisons la condition d'effectivité des déformations formelles en tenant compte de la structure particulière des anneaux qui proreprésentent les groupes formels.

1. Critères de représentabilité de la section unité.

Soit k un corps. On dit qu'une k-algèbre locale est essentiellement de type fini sur k si c'est un localisé d'une k-algèbre de type fini. On dit qu'une k-algèbre locale essentiellement de type fini est géométrique si son corps résiduel est une extension finie de k .

Pour toute k-algèbre A , on appelle extension infinitésimale de A un homomorphisme surjectif de k-algèbres $A' \to A$ dont le noyau est un idéal nilpotent de type fini. On appelle situation de déformation la donnée d'un diagramme d'extensions infinitésimales $A' \to A \to A_0$, où A_0 est une k-algèbre noethérienne réduite et où $M = \mathrm{Ker}\{A' \to A\}$ est annulé par $\mathrm{Ker}\{A' \to A_0\}$, donc est un A_0-module de type fini.

On considère un foncteur F : (k-algèbres) → (groupes). On suppose donnée une théorie de déformation pour F , au sens de [5] (5.2) : en particulier, à toute k-algèbre noethérienne réduite A_0 et à tout A_0-module de type fini M , est associé un A_0-module $D(A_0,M)$ [que l'on suppose ici indépendant du choix d'un élément ξ_0 de $F(A_0)$ car F est un foncteur en groupes] et, si $A' \to A \to A_0$ est une situation de déformation avec $M = \mathrm{Ker}\{A' \to A\}$, le groupe additif de $D(A_0,M)$ opère transitivement sur $\mathrm{Ker}\{F(A') \to F(A)\}$.

THÉORÈME 1.1.- *Soient k un corps et F : (k-algèbres) → (groupes) un foncteur. Pour que la section unité de F soit représentable par une immersion fermée de présentation finie, il suffit que les conditions suivantes soient vérifiées :*

(0) F *est un préfaisceau séparé pour la topologie fppf.*

(1) F *est localement de présentation finie [i.e., pour tout système inductif filtrant de k-algèbres* $\{A_i\}$, *l'application canonique* $\varinjlim F(A_i) \to F(\varinjlim A_i)$ *est bijective]* .

(2) *Soit* $\bar{A}$ *une k-algèbre locale noethérienne complète d'idéal maximal* I *dont le corps résiduel est fini sur* k . *Alors l'application canonique* $F(\bar{A}) \to \varprojlim F(\bar{A}/I^n)$ *est injective.*

(3) (a) *Soient* A_0 *un anneau de valuation discrète géométrique sur* k *et* K *le corps des fractions de* A_0. *Alors l'application canonique* $F(A_0) \to F(K)$ *est injective.*

(b) *Soient* A_0 *une* k-*algèbre de type fini intègre de corps des fractions* K *et* $\xi \in F(A_0)$. *Supposons qu'il existe un ensemble dense de points fermés* s *de* $\mathrm{Spec}(A_0)$ *tels que l'image de* ξ *dans* $F(k(s))$ *soit nulle. Alors l'image de* ξ *dans* $F(K)$ *est nulle.*

(4) *Soit* $A' \to A \to A_0$ *une situation de déformation telle que* $M = \mathrm{Ker}\{A' \to A\}$ *soit un* A_0-*module de longueur* 1. *Alors* $D(A_0,M)$ *opère librement sur* $\mathrm{Ker}\{F(A') \to F(A)\}$.

(5) (a) *Soient* A_0 *un anneau de valuation discrète géométrique sur* k *et* K *le corps des fractions de* A_0. *Alors l'application canonique* $D(A_0,A_0) \to D(K,K)$ *est injective.*

(b) *Soit* A_0 *une* k-*algèbre intègre de type fini. Alors il existe un ouvert non vide* U *de* $\mathrm{Spec}(A_0)$ *tel que, pour tout point fermé* s *de* U, *on ait* $D(A_0,A_0) \otimes_{A_0} k(s) = D(k(s),k(s))$.

Démonstration. Sachant que F est localement de présentation finie, il suffit de montrer que, si A est une k-algèbre de type fini et $\xi \in F(A)$, le foncteur N qui exprime la condition $\xi = 0$ est représentable par un sous-schéma fermé de $\mathrm{Spec}(A)$. Rappelons que N est le foncteur (k-algèbres) $\to$ (ensembles) qui, pour toute A-algèbre B, est défini par

$$N(B) = \begin{cases} \emptyset & \text{si l'image de } \xi \text{ dans } F(B) \text{ n'est pas nulle.} \\ \{\emptyset\} & \text{si l'image de } \xi \text{ dans } F(B) \text{ est nulle.} \end{cases}$$

On applique à ce foncteur le théorème de représentabilité (5.3) de M. Artin [5]. Des conditions (0) et (1) pour F, il résulte que N est un faisceau pour la topologie fppf et est localement de présentation finie. La condition de commutation aux limites adiques [2'] pour N est conséquence de la condition d'injectivité (2) pour F. Par ailleurs il est clair que N est relativement représentable puisque pour toute A-algèbre B, $N(B)$ a au plus un élément. Pour la même raison une théorie de déformation pour N est donnée par $D(A_o,M,\xi_o) = 0$ quels que soient A_o, M et $\xi_o \in N(A_o)$; ainsi les conditions [4'] d'Artin pour N sont trivialement satisfaites.

Il reste à vérifier les conditions [5'] pour N. Le raisonnement des pages 59 à 61 de loc. cit. montre que

(i) la condition [5'](a) résulte de (4),

(ii) la condition [5'](b) résulte de (4) et (5)(a),

(iii) la condition [5'](c) résulte de (4) et (5)(b).

Pour cette dernière condition, on remarquera que, si A_o est une k-algèbre intègre de type fini de corps des fractions K et si $\delta_1,\ldots,\delta_n \in D(A_o,A_o)$ ont des images linéairement indépendantes dans $D(K,K)$, a fortiori leurs images dans $D(A_o,A_o) \otimes_{A_o} K$ sont linéairement indépendantes.

Par suite N est représentable par un espace algébrique Y localement de type fini sur $\mathrm{Spec}(A)$. Les conditions (3), qui ne sont autres que les conditions [3'] du théorème d'Artin, permettent de montrer que Y est en fait un sous-schéma fermé de X (cf. loc. cit., p. 59).

<u>Remarques</u> 1.2.- (a) Dans la pratique, si $A' \to A \to A_o$ est une situation de déformation avec $M = \mathrm{Ker}\{A' \to A\}$, on aura $D(A_o,M) = \mathrm{Ker}\{F(A') \to F(A)\}$; la condition (4) est alors triviale.

(b) Le faisceau $\tilde{F}$ associé à F pour la topologie de Zariski [resp. étale, fppf] s'étend de manière naturelle en un foncteur en groupes contravariant sur la catégorie des k-schémas, que l'on notera encore $\tilde{F}$. Si F est séparé pour la topologie fppf et si la section unité de F est représentable par une immersion fermée de présentation finie, il en est de même de la section unité de $\tilde{F}$ (sur la catégorie des k-schémas). En effet, si X est un k-schéma et $\xi \in \tilde{F}(X)$, pour montrer que le sous-foncteur de X qui exprime la condition $\xi = 0$ dans $\tilde{F}$ est représentable par un sous-schéma fermé de présentation finie de X, il suffit de montrer qu'il en est ainsi localement pour la topologie fppf sur X ; sachant que F est séparé pour la topologie fppf, ou se ramène ainsi à l'assertion analogue pour F.

(c) Soient $\bar{k}$ une clôture algébrique de k et $F \otimes_k \bar{k}$ la restriction de F aux $\bar{k}$-algèbres. Supposons que F est séparé pour la topologie fppf et localement de présentation finie. Alors pour que la section unité de F soit représentable par une immersion fermée de présentation finie, il faut et il suffit qu'il en soit ainsi de la section unité de $F \otimes_k \bar{k}$.

En ce qui concerne le foncteur de Picard local, la suite de ce paragraphe ne sera utile que dans le cas d'un anneau local R qui n'est pas essentiellement de type fini sur son corps résiduel k (il en est de même de l'appendice qui ne sera pas utilisé en dehors de la démonstration du lemme 1.8). Dans ce cas il sera difficile de vérifier directement la condition de passage aux limites adiques (2) ; en effet, si A est une k-algèbre locale noethérienne complète dont le corps résiduel est fini sur k , l'anneau $R \tilde{\otimes}_k A$ n'est pas noethérien en général. Nous sommes donc amenés à dévisser cette condition en plusieurs autres plus faciles à vérifier et faisant intervenir le moins possible les k-algèbres A qui ne sont pas essentiellement de type fini sur k . Compte tenu de la remarque 1.2.c , nous supposerons pour simplifier que le corps k est algébriquement clos bien que cela ne soit pas nécessaire.

THÉORÈME 1.3.- Soient k un corps algébriquement clos et F : (k-algèbres) → (groupes) un foncteur. Pour que la section unité de F soit représentable par une immersion fermée de présentation finie, il suffit que les conditions suivantes soient vérifiées :

(0') F est un préfaisceau séparé pour la topologie fppf .

(1') F est localement de présentation finie.

(2') (a) Soit A une k-algèbre locale géométrique d'idéal maximal I . Alors l'application canonique $F(A) \to \varprojlim F(A/I^n)$ est injective.

(b) Soit A une k-algèbre locale noethérienne réduite à corps résiduel k et soient I l'idéal maximal de A et K son anneau total de fractions. Soit ξ un élément de $F(A)$ dont l'image dans $\varprojlim F(A/I^n)$ est nulle, alors l'image de ξ dans $F(K)$ est nulle.

(3') (a) <u>Soient A_0 un anneau de valuation discrète essentiellement de type fini sur k et K le corps des fractions de A_0. Alors l'application canonique $F(A_0) \to F(K)$ est injective.</u>

(b) <u>Soient A_0 une k-algèbre de type fini intègre de corps des fractions K et $\xi \in F(A_0)$. Supposons qu'il existe un ensemble dense de points fermés s de $\mathrm{Spec}(A_0)$ tels que l'image de ξ dans $F(k(s))$ soit nulle. Alors l'image de ξ dans $F(K)$ est nulle.</u>

(4') (a) <u>Soit $A' \to A \to A_0$ une situation de déformation telle que $M = \mathrm{Ker}\{A' \to A\}$ soit un produit de A_0-modules de longueur 1. Alors $D(A_0,M)$ opère librement sur $\mathrm{Ker}\{F(A') \to F(A)\}$.</u>

(b) <u>Soient A' une k-algèbre locale noethérienne d'idéal maximal I et $A' \to A \to A_0$ une situation de déformation avec $M = \mathrm{Ker}\{A' \to A\}$. Alors $D(A_0,M)$ opère librement sur $\mathrm{Ker}\{\varprojlim F(A'/I^n) \to \varprojlim F(A/I^nA)\}$.</u>

(5') (a) <u>Soient A_0 une k-algèbre locale géométrique réduite et K l'anneau total des fractions de A_0. Alors l'application canonique $D(A_0,A_0) \to D(K,K)$ est injective.</u>

(b) <u>Soit A_0 une k-algèbre intègre de type fini. Alors il existe un ouvert non vide U de $\mathrm{Spec}(A_0)$ tel que, pour tout point fermé s de U, on ait $D(A_0,A_0) \otimes_{A_0} k(s) = D(k(s),k(s))$.</u>

LEMME 1.4.- <u>Supposons que F vérifie la condition (4')(b). Soit A une k-algèbre locale noéthérienne d'idéal maximal I. Alors, si l'application canonique $F(A_{red}) \to \varprojlim F(A_{red}/I^nA_{red})$ est injective, il en est de même de l'application canonique $F(A) \to \varprojlim F(A/I^nA)$.</u>

<u>Démonstration.</u> Soient N le nilradical de A et m un entier tel que $N^m = 0$. Par récurrence sur m, on voit qu'il suffit de montrer que, si $A \to A' \to A_0$ est une situation de déformation avec $M = \mathrm{Ker}\{A \to A'\}$, et si l'application canonique $F(A') \to \varprojlim F(A'/I^nA')$ est injective, il en est de même de l'application canonique

$F(A) \to \varprojlim F(A/I^n)$. Cela résulte immédiatement du fait que $D(A_o,M)$ opère librement sur $\mathrm{Ker}\{\varprojlim F(A/I^n) \to \varprojlim F(A'/I^nA')\}$.

LEMME 1.5.- <u>Supposons que</u> F <u>vérifie les conditions</u> (0'), (1'), (2')(b), (4')(b), <u>ainsi que la condition</u> :

(A_oK) <u>Si</u> A_o <u>est une</u> k-<u>algèbre locale géométrique réduite et</u> K <u>l'anneau total des fractions de</u> A_o, <u>l'application canonique</u> $F(A_o) \to F(K)$ <u>est injective.</u>

<u>Alors, pour toute</u> k-<u>algèbre locale noethérienne</u> $\bar{A}$ <u>à corps résiduel</u> k <u>et d'idéal maximal</u> I, <u>l'application canonique</u> $F(\bar{A}) \to \varprojlim F(\bar{A}/I^n)$ <u>est injective.</u>

<u>Démonstration.</u> Puisque F vérifie (4')(b), on peut supposer que $\bar{A}$ est réduite d'anneau total de fractions $\bar{K}$. Soit $\{A_i\}$ un système inductif filtrant de k-algèbres locales géométriques réduites, sous-algèbres de $\bar{A}$, tel que $\bar{A} = \varinjlim A_i$. Soit ξ un élément de $F(\bar{A})$ dont l'image dans $\varprojlim F(\bar{A}/I^n)$ est nulle. Puisque F est localement de présentation finie (1'), il existe une k-algèbre locale géométrique $A_o \in \{A_i\}$ telle que ξ soit l'image de $\xi_o \in F(A_o)$. Soit K l'anneau total des fractions de A_o. L'homomorphisme $K \to \bar{K}$ est injectif, ainsi $\bar{K}$ est limite inductive d'un système inductif filtrant de K-algèbres fidèlement plates de présentation finie et, puisque F est localement de présentation finie (1') et séparé pour la topologie fppf (0'), l'application canonique $F(K) \to F(\bar{K})$ est injective. D'après (2')(b) l'image de ξ dans $F(\bar{K})$ est nulle, donc l'image de ξ_o dans $F(K)$ est nulle et d'après (A_oK) ξ_o lui-même est nul, a fortiori ξ est nul.

LEMME 1.6.- <u>Supposons que</u> F <u>vérifie la condition</u> (4')(a). <u>Alors, pour tout homomorphisme injectif</u> $A_1 \to A_2$ <u>de</u> k-<u>algèbres finies, l'application</u> $F(A_1) \to F(A_2)$ <u>est injective.</u>

<u>Démonstration.</u> Soit $A_1 \to A_2$ un homomorphisme injectif de k-algèbres finies ; remarquons que les extensions résiduelles de $A_1 \to A_2$ sont triviales, puisqu'on suppose k algébriquement clos. On raisonne par récurrence sur l'entier $n(A_2) = \mathrm{long}(A_2) - \mathrm{long}(A_{2red})$. Si $n(A_2) = 0$, les algèbres A_1 et A_2 sont des produits de corps et le morphisme $\mathrm{Spec}(A_2) \to \mathrm{Spec}(A_1)$ possède une section, par

suite l'application $F(A_1) \to F(A_2)$ est injective. Sinon il existe une situation de déformation $A_2 \to A'_2 \to A_{2red}$ avec $M = \mathrm{Ker}\{A_2 \to A'_2\}$ de longueur 1 , donc $n(A'_2) = n(A_2) - 1$. On a nécessairement, soit $M \cap A_1 = 0$, soit $M \cap A_1 = M$.

Si $M \cap A_1 = 0$, l'homomorphisme $A_1 \to A'_2$ est injectif ; par hypothèse de récurrence $F(A_1) \to F(A'_2)$ est injectif, a fortiori $F(A_1) \to F(A_2)$ est injectif.

Si $M \cap A_1 = M$, on a une situation de déformation $A_1 \to A'_1 \to A_{1red}$ avec $M = \mathrm{Ker}\{A_1 \to A'_1\}$ et un homomorphisme injectif $A'_1 \to A'_2$ tel que le diagramme

$$\begin{array}{ccc} A_1 & \to & A'_1 \\ \downarrow & & \downarrow \\ A_2 & \to & A'_2 \end{array}$$

soit commutatif. Soit ξ un élément de $F(A_1)$ dont l'image dans $F(A_2)$ est nulle. D'après l'hypothèse de récurrence, l'image de ξ dans $F(A'_1)$ est nulle, il existe donc $d \in D(A_{1red}, M)$ tel que $d.\xi = 0$. D'après (4')(a), l'image de d dans $D(A_{2red}, M)$ est nulle ; mais l'application canonique $D(A_{1red}, M) \to D(A_{2red}, M)$ est injective, car le morphisme $\mathrm{Spec}(A_{2red}) \to \mathrm{Spec}(A_{1red})$ possède une section σ telle que l'identité de M soit σ- linéaire ; donc d lui-même est nul et $\xi = 0$.

<u>Remarque</u> 1.6.1.- Il est clair qu'il suffirait de supposer que la restriction de F à la catégorie des k-algèbres finies vérifie (4')(a). De plus le lemme reste valable lorsque k est un anneau local noethérien, A_1 et A_2 des k-algèbres finies artiniennes et $A_1 \to A_2$ un homomorphisme de k-algèbres injectif à extensions résiduelles triviales.

LEMME 1.7.- <u>Supposons que</u> F <u>vérifie les conditions</u> (2')(a) <u>et</u> (4')(a). <u>Alors, pour tout homomorphisme injectif fini</u> $A \to B$ <u>où</u> A <u>est une</u> k-<u>algèbre locale géométrique, l'application</u> $F(A) \to F(B)$ <u>est injective.</u>

<u>Démonstration.</u> Soient $J = \mathrm{rad}(B)$ et $I = J \cap A$ l'idéal maximal de A . Pour tout entier $n > 0$, les k-algèbres B/J^n et $A/J^n \cap A$ sont finies et l'homomorphisme $A/J^n \cap A \to B/J^n$ est injectif ; d'après le lemme 1.6, l'application $F(A/J^n \cap A) \to F(B/J^n)$ est injective. Le foncteur $\varprojlim$ étant à gauche, l'application

$\varprojlim F(A/J^n \cap A) \to \varprojlim F(B/J^n)$ est injective. D'après le théorème d'Artin-Rees (cf. [7] chap. III, §3, th. 1), la filtration $\{J^n \cap A\}$ est I-bonne, autrement dit il existe un entier r tel que $I^s(J^r \cap A) = J^{r+s} \cap A$ pour $s \geqslant 1$, en particulier $I^s \supset J^{r+s} \cap A$. Compte-tenu de (2')(a), il en résulte que l'application $F(A) \to \varprojlim F(A/J^n \cap A)$ est injective, d'où le lemme.

LEMME 1.8.- __Supposons que__ F __vérifie les conditions__ (0'),(1'),(2')(a),(3')(a), (4')(a),(5')(a), __alors__ F __vérifie la condition__ (A_oK) __de__ 1.5.

__Démonstration.__ Soient A_o une k-algèbre locale géométrique réduite et K l'anneau total des fractions de A_o, il s'agit de montrer que l'application $F(A_o) \to F(K)$ est injective. On raisonnera par récurrence sur $\dim(A_o)$. Soient A le normalisé de A_o dans K et A_i les localisés de A en ses idéaux maximaux. Puisque A_o est géométrique, A est fini sur A_o et, puisque F vérifie les conditions (2')(a) et (4')(a), l'application $F(A_o) \to F(A)$ est injective (1.7). De plus, puisque F est séparé pour la topologie fppf (0') et localement de présentation finie (1'), l'application $F(A) \to \Pi\, F(A_i)$ est injective. Par suite, quitte à remplacer A_o par les A_i, il suffit de vérifier la condition (A_oK) lorsque A_o est __normal.__

Si $\dim(A_o) = 1$, c'est le critère valuatif (3')(a). Si $\dim(A_o) \geqslant 2$, il existe un élément non diviseur de zéro $t \in \mathrm{rad}(A_o)$ tel que A_o/t soit réduit (appendice 3.13). Pour tout entier $n > 0$, soit K_n l'anneau total des fractions de A/t^n ; soient $\underline{p}_j$ les idéaux premiers de A_o associés à A/t et $K_{n,j}$ les composants locaux correspondants de K_n. Puisque F est séparé pour la topologie fppf (0'), l'application $F(K_n) \to \prod_j F(K_{n,j})$ est injective. Les idéaux premiers $\underline{p}_j$ sont de hauteur 1, donc $A_{o\underline{p}_j}$ est un anneau de valuation discrète essentiellement de type fini sur k. D'après le critère valuatif (3')(a), si un élément ξ de $F(A_o)$ a une image nulle dans $F(K)$, il a une image nulle dans $F(A_{o\underline{p}_j})$, a fortiori dans $F(K_{n,j})$ puisque $K_{n,j}$ est un quotient de $A_{o\underline{p}_j}$; donc ξ a une image nulle dans $F(K_n)$ pour tout $n > 0$.

D'après l'hypothèse de récurrence sur $\dim(A_0)$, l'application canonique $F(A_0/t) \to F(K_1)$ est injective. On voit par récurrence sur n qu'il en est de même de l'application canonique $F(A_0/t^n) \to F(K_n)$ pour tout $n > 0$. En effet on a

$$A_0/t \simeq \mathrm{Ker}\{A_0/t^n \to A_0/t^{n-1}\} ,$$

$$K_1 \simeq \mathrm{Ker}\{K_n \to K_{n-1}\} ,$$

donc $D(A_0/t , A_0/t)$ agit transitivement sur $\mathrm{Ker}\{F(A_0/t^n) \to F(A_0/t^{n-1})\}$ et $D(K_1,K_1)$ agit librement, d'après (4')(a), sur $\mathrm{Ker}\{F(K_n) \to F(K_{n-1})\}$; enfin l'application canonique $D(A_0/t , A_0/t) \to D(K_1,K_1)$ est injective, d'après (5')(a).

Pour terminer la démonstration du lemme, il suffit de remarquer que la condition (2')(a) implique que l'application canonique $F(A_0) \to \varprojlim F(A_0/t^n)$ est injective.

Le théorème 1.3 résulte immédiatement du théorème 1.1 et des lemmes précédents.

2. Critères de proreprésentabilité effective.

THEOREME 2.1 (Artin [5], th. 4.1).- *Soient* k *un corps et* F : (k-*algèbres*) → (*groupes*) *un foncteur. Pour que* F *soit représentable par un* k-*schéma en groupes localement de type fini, il faut et il suffit que les conditions suivantes soient vérifiées* :

[0] F *est un faisceau pour la topologie étale.*

[1] F *est localement de présentation finie.*

[2] F *est effectivement proreprésentable* (*cf. définition ci-dessous*).

[3] *La section unité de* F *est représentable par une immersion.*

Dans les lemmes suivants, nous analyserons la condition [2] de proreprésentabilité effective. Pour éviter toute confusion, nous rappellerons quelques définitions essentielles.

Soient k' un corps extension de k et $\xi_0 \in F(k')$. On appelle *déformation formelle* de ξ_0 un couple $(\bar{A},\{\xi_n\})$, où $\bar{A}$ est une k-algèbre locale noethérienne complète de corps résiduel k' et d'idéal maximal I , et $\xi_n \in F(\bar{A}/I^{n+1})$ pour $n = 0,1,\dots$ un système compatible d'éléments relevant ξ_0 .

On dit qu'une telle déformation est *effective* s'il existe un élément $\bar{\xi} \in F(\bar{A})$ qui induit les ξ_n .

On dit que F est *proreprésentable* s'il existe un ensemble d'indices $|F|$ et, pour tout $p \in |F|$, une extension finie k^p de k , un élément ξ_0^p de $F(k^p)$ et une déformation formelle $(\bar{A}^p,\{\xi_n^p\})$ de ξ_0^p tels que pour toute k-algèbre finie locale B et tout élément η de F(B) , il existe un unique $p \in |F|$ et un unique homomorphisme (nécessairement local) de k-algèbres $\bar{A}^p \to B$ tel que η soit l'image de $\{\xi_n^p\}$.

On dit que F est *effectivement proreprésentable* s'il est proreprésentable et si, pour tout $p \in |F|$, les déformations formelles $(\bar{A}^p,\{\xi_n^p\})$ sont effectives.

Pour tout $\xi_0 \in F(k)$, on notera F_{ξ_0} le foncteur : (k-algèbres locales) → (ensembles) tel que, pour toute k-algèbre locale A à corps résiduel K , on ait

$F_{\xi_0}(A) = \{\xi \in F(A)$ tels que ξ et ξ_0 ont même image dans $F(K)\}$. On dit que F_{ξ_0} est prореprésentable, ou que F est proreprésentable en ξ_0 , s'il existe une déformation formelle $(\bar{A}, \{\xi_n\})$ de ξ_0 telle que, pour toute k-algèbre finie locale B , l'application canonique

$$\mathrm{Hom}_k(\bar{A}, B) \to F_{\xi_0}(B)$$
$$\varphi \mapsto F(\varphi)(\{\xi_n\})$$

est bijective. On dit que F_{ξ_0} est effectivement proreprésentable si de plus la déformation formelle $(\bar{A}, \{\xi_n\})$ est effective.

En particulier si ξ_0 est l'élément unité de $F(k)$, on notera F_1 le foncteur correspondant. F_1 est un foncteur en groupes ; en effet, pour toute k-algèbre locale A à corps résiduel K , on a $F_1(A) = \mathrm{Ker}\{F(A) \to F(K)\}$.

Enfin, pour tout corps K extension de k , on notera $F \otimes_k K$ (resp. $F_1 \otimes_k K$) la restriction de F (resp. F_1) à la catégorie des K-algèbres (resp. des K-algèbres locales).

Le lemme suivant est une conséquence immédiate des définitions :

LEMME 2.2.- *Supposons* F *proreprésentable. Alors pour tout* $\xi_0 \in F(k)$, F_{ξ_0} *est proreprésentable. Plus précisément, pour tout* $\xi_0 \in F(k)$, *il existe un unique* $p \in |F|$ *tel que* $k^p = k$ *et* $\xi_0^p = \xi_0$; *de plus la déformation formelle* $(\bar{A}^p, \{\xi_n^p\})$ *proreprésente* F_{ξ_0} .

LEMME 2.3.- *Supposons* F *proreprésentable et* F_1 *effectivement proreprésentable. Alors, pour tout* $\xi_0 \in F(k)$, F_{ξ_0} *est effectivement proreprésentable.*

Démonstration. Soient $(\bar{A}, \{\xi_n\})$ la déformation formelle qui proreprésente F_{ξ_0} , $(\bar{A}^1, \{\xi_n^1\})$ celle qui proreprésente F_1 et $\bar{\xi}^1 \in F(\bar{A}^1)$ un élément induisant les ξ_n^1 . Considérons le morphisme de foncteurs $\Phi : F_{\xi_0} \to F_1$ défini, pour toute k-algèbre locale A , par : $\xi \in F_{\xi_0}(A) \mapsto \xi.\xi_0^{-1} \in F_1(A)$, où par abus de langage on note ξ_0 l'image de ξ_0 dans $F(A)$. Il est clair que Φ est un isomorphisme de foncteurs, il définit donc un isomorphisme $\varphi : \bar{A}^1 \to \bar{A}$ tel que $\{\xi_n\}$ soit l'image de $\{\xi_n^1\}$. Alors $F(\varphi)(\bar{\xi}^1) \in F_{\xi_0}(\bar{A})$ induit les ξ_n .

LEMME 2.4.- Pour que F soit effectivement proreprésentable, il suffit que les conditions suivantes soient vérifiées :

(i) F est un faisceau pour la topologie fppf.

(ii) Pour toute k-algèbre locale noethérienne complète $\bar{A}$ d'idéal maximal I dont le corps résiduel est fini sur k , l'application canonique $F(\bar{A}) \to \varprojlim F(\bar{A}/I^n)$ est injective.

(iii) F est proreprésentable.

(iv) F_1 est effectivement proreprésentable.

Démonstration. Remarquons tout d'abord que, en présence de (i), la condition (ii) s'étend à toute k-algèbre semi-locale noethérienne complète $\bar{A}$ de radical I dont les corps résiduels sont des extensions finies de k .

Soient $p \in |F|$ et $(\bar{A}^p, \{\xi_n^p\})$ la déformation formelle correspondante avec $\xi_0^p \in F(k^p)$. Soit k' une extension quasi-galoisienne de k contenant k^p et soient $\bar{A}' = \bar{A}^p \otimes_k k'$, $\bar{A}'' = \bar{A}^p \otimes_k k' \otimes_k k'$ et $J = \mathrm{rad}(\bar{A}'')$. Alors $\bar{A}'$ et $\bar{A}''$ sont des k'-algèbres semi-locales noethériennes complètes dont les corps résiduels sont égaux à k' . Soient $\bar{A}^{(i)}$ les composants locaux de $\bar{A}'$ et $(\bar{A}^{(i)}, \{\xi_n^{(i)}\})$ les déformations formelles images de $(\bar{A}^p, \{\xi_n^p\})$; il est clair que, pour tout i , $(\bar{A}^{(i)}, \{\xi_n^{(i)}\})$ proreprésente $(F \otimes_k k')_{\xi_0^{(i)}}$. Etant données les hypothèses (iii) et (iv), le lemme 2.3 appliqué à $F \otimes_k k'$ montre qu'il existe un élément $\bar{\xi}' \in F(\bar{A}')$ induisant les $\{\xi_n^{(i)}\}$ pour tout i .

Par construction et étant donné (i), les deux images de $\bar{\xi}'$ dans $F(\bar{A}''/J^n)$ sont égales pour tout $n \geqslant 0$; ainsi d'après la remarque préliminaire, les deux images de $\bar{\xi}'$ dans $F(\bar{A}'')$ sont égales. En appliquant encore une fois l'hypothèse (i), on en déduit que $\bar{\xi}'$ est l'image d'un élément $\bar{\xi} \in F(\bar{A}^p)$ induisant les ξ_n^p .

En fait on pourrait démontrer le résultat suivant dont nous n'aurons pas besoin :

LEMME 2.5.- Pour que F soit proreprésentable [resp. effectivement proreprésentable], il suffit que les conditions suivantes soient vérifiées :

(i) F *est un faisceau pour la topologie fppf.*

(ii) *La section unité de* F *est représentable par une immersion.*

(iii) F_1 *est proreprésentable [resp. effectivement proreprésentable]* .

Rappelons par ailleurs la version du critère de Schlessinger [46] tenant compte des extensions résiduelles (cf. [5], p. 50 à 52) :

LEMME 2.6.- *Pour que* F *soit proreprésentable, il suffit que les conditions suivantes soient vérifiées :*

(i) F *est un faisceau pour la topologie fppf.*

(ii) *La section unité de* F *est représentable par une immersion.*

(iii) *Soient* A_0 *un corps extension finie de* k , $A' \to A \to A_0$ *une situation de déformation,* B *une* k*-algèbre finie locale et* $B \to A$ *un homomorphisme de* k*-algèbres. Alors l'application canonique* $F(A' \times_A B) \to F(A') \times_{F(A)} F(B)$ *est bijective.*

(iv) *Pour tout corps* A_0 *extension finie de* k *et tout* A_0*-module de type fini,* $D(A_0,M)$ *est un* A_0*-module de type fini.*

LEMME 2.7.- *Supposons que* F *est localement de présentation finie et que* F_1 *est proreprésentable par* $(\bar{A},\{\xi_n\})$. *Alors, pour toute extension algébrique* k' *de* k , $F_1 \otimes_k k'$ *est proreprésentable par* $(\bar{A}',\{\xi'_n\})$, *où* $\bar{A}' = \bar{A} \hat{\otimes}_k k'$ *et où* $\{\xi'_n\}$ *est l'image de* $\{\xi_n\}$.

Démonstration. Il s'agit de montrer que, si B' est une k'-algèbre finie locale, l'application canonique définie par $\{\xi'_n\}$:

$$\mathrm{Hom}_{k'}(\bar{A}',B') \to F_1(B')$$

est bijective. Soit n un entier tel que la puissance n-ième de l'idéal maximal de B' soit nulle et soit I l'idéal maximal de $\bar{A}$; on a

$$\mathrm{Hom}_{k'}(\bar{A}',B') = \mathrm{Hom}_{k'}(\bar{A}'/I^n\bar{A}',B') = \mathrm{Hom}_k(\bar{A}/I^n,B') .$$

Par ailleurs on a $k' = \varinjlim k_\alpha$, où les k_α sont les sous-corps de k' contenant k et finis sur k . Puisque B' est une k'-algèbre finie locale, il existe un indice α et une k_α-algèbre finie locale B_α telle que $B' = B_\alpha \otimes_{k_\alpha} k'$. Pour tout $\beta \geqslant \alpha$, on notera $B_\beta = B_\alpha \otimes_{k_\alpha} k_\beta$; on a alors $B' = \varinjlim B_\beta$, d'où, puisque $\bar{A}/I^n$ est une k-algèbre finie :

$$\mathrm{Hom}_k(\bar{A}/I^n, B') \xleftarrow{\sim} \varinjlim \mathrm{Hom}_k(\bar{A}/I^n, B_\beta) .$$

De même, puisque F est localement de présentation finie, il en est de même de F_1 et l'application canonique :

$$\varinjlim F_1(B_\beta) \to F_1(B')$$

est bijective. Enfin, puisque $(\bar{A}, \{\xi_n\})$ proreprésente F_1 et que B_β est une k-algèbre finie locale, l'application canonique définie par $\{\xi_n\}$:

$$\mathrm{Hom}_k(\bar{A}, B_\beta) = \mathrm{Hom}_k(\bar{A}/I^n, B_\beta) \to F_1(B_\beta)$$

est bijective quel que soit β . On conclut par passage à la limite inductive.

LEMME 2.8.- _Soient_ k' _un corps parfait et_ F'_1 : (k'-_algèbres finies locales_) $\to$ (_groupes_) _un foncteur tel que_ $F'_1(k') = \{1\}$. _Supposons que_ F'_1 _est proreprésentable par_ $(\bar{A}', \{\xi'_n\})$. _Alors il existe une_ k'-_algèbre finie locale_ A' _et un_ k'-_isomorphisme de_ $\bar{A}'$ _avec un anneau de séries formelles à coefficients dans_ A' .

Démonstration. Sous les hypothèses du lemme, $\bar{A}'$ est l'algèbre d'un groupe formel connexe de type fini sur k' .

Si $\mathrm{car}(k') = 0$, on sait d'après un théorème de Cartier (cf. [16], chap. II, § 10) que $\bar{A}'$ est isomorphe à une algèbre de séries formelles $k'[[T_1,\dots,T_n]]$.

Si $\mathrm{car}(k') = p \neq 0$, on sait d'après un théorème de Dieudonné-Cartier-Gabriel (SGA 3, VII_B, 5.2) que $\bar{A}'$ est isomorphe à une algèbre de séries formelles tronquées $k'[[T_1,\dots,T_m]][Y_1,\dots,Y_d]/(Y_1^{p^{r_1}},\dots,Y_d^{p^{r_d}})$. D'où l'assertion en prenant $A' = k'[Y_1,\dots,Y_d]/(Y_1^{p^{r_1}},\dots,Y_d^{p^{r_d}})$.

Il résulte du théorème 2.1 et des lemmes précédents :

THEOREME 2.9.- _Soient_ k _un corps et_ F : (k-_algèbres_) $\rightarrow$ (_groupes_) _un foncteur. Pour que_ F _soit représentable par un_ k-_schéma en groupes localement de type fini, il suffit que les conditions suivantes soient vérifiées_ :

[0] F _est un faisceau pour la topologie fppf._

[1] F _est localement de présentation finie._

[2] a) _Soient_ A_0 _un corps extension finie de_ k , $A' \rightarrow A \rightarrow A_0$ _une situation de déformation_, B _une_ k-_algèbre finie locale et_ $B \rightarrow A$ _un homomorphisme de_ k-_algèbres. Alors l'application canonique_ $F(A' \times_A B) \rightarrow F(A') \times_{F(A)} F(B)$ _est bijective._

b) _Soient_ A_0 _un corps extension finie de_ k _et_ M _un_ A_0-_module de type fini_ ; _alors_ $D(A_0,M)$ _est un_ A_0-_module de type fini._

c) _Soit_ $\bar{A}$ _une_ k-_algèbre locale noethérienne complète d'idéal maximal_ I _et de corps résiduel_ k _et soit_ k' _la clôture parfaite de_ k . _Supposons qu'il existe une_ k'-_algèbre finie locale_ A' _et un_ k'-_isomorphisme de_ $\bar{A} \hat{\otimes}_k k'$ _avec un anneau de séries formelles à coefficients dans_ A' . _Alors, pour tout_ $\{\xi_n\} \in \varprojlim F(\bar{A}/I^{n+1})$ _tel que_ $\xi_0 = 0$, _il existe un élément_ $\bar{\xi} \in F(\bar{A})$ _qui induit les_ $\{\xi_n\}$.

[3] _La section unité de_ F _est représentable par une immersion._

3. Appendice : Sections hyperplanes.

Cet appendice s'inspire sans vergogne d'une rédaction inédite de Grothendieck pour EGA V.

Soient k un corps, $P = \mathbb{P}^n$ l'espace projectif de dimension n sur k, $P^\vee$ l'espace projectif dual. Soient $T_0,\ldots,T_n$ des coordonnées homogènes sur P et $S_0,\ldots,S_n$ les coordonnées duales sur $P^\vee$. Soit H le sous-schéma fermé de $P \times P^\vee$ schéma d'incidence entre P et $P^\vee$: la fibre de $H \to P^\vee$ au-dessus d'un point de coordonnées homogènes $(s_0,\ldots,s_n)$ est l'hyperplan de P d'équation $\Sigma\, s_i\, T_i = 0$. Par construction H est un fibré projectif sur $P^\vee$ et par raison de symétrie c'en est un sur P.

Soient $C = \operatorname{Spec} k[T_0,\ldots,T_n]$ le cône sur P et U l'ouvert complémentaire de l'origine dans C. L'éclaté de C en l'origine s'identifie canoniquement au fibré vectoriel $V(O_P(1))$ sur P et l'ouvert U au complémentaire de la section nulle dans ce fibré. Au-dessus de l'ouvert affine standard de P de coordonnées $T_j^{(i)} = \frac{T_j}{T_i}$ $(j \neq i)$, le morphisme $U \to P$ défini ci-dessus identifie l'ouvert correspondant de U à $\operatorname{Spec}\,(k[T_j^{(i)}][T_i,T_i^{-1}])$.

On note $H_U = H \times_P U$. La fibre de $H_U \to P^\vee$ au-dessus d'un point de coordonnées homogènes $(s_0,\ldots,s_n)$ est le fermé de U d'équation $\Sigma\, s_i\, T_i = 0$, autrement dit l'ouvert complémentaire de l'origine dans $\operatorname{Spec} k[T_0,\ldots,T_n]/\Sigma\, s_i T_i$ (on suppose $s_i \in k$).

Pour tout P-schéma X, on note $H_X = H \times_P X$. On note η le point générique de $P^\vee$ et $H_{X,\eta}$ la fibre générique de $H_X \to P^\vee$.

PROPOSITION 3.1.- <u>L'image de H_η dans P est l'ensemble des points non fermés de P.</u>

<u>Démonstration.</u> Il s'agit de montrer que si X est un sous-schéma fermé de P, le schéma $H_{X,\eta}$ est vide si et seulement si X est fini.

Si $H_{X,\eta}$ est vide, il existe un point fermé ξ de $P^\vee$ tel que $H_{X,\xi}$ soit vide (car la dimension des fibres de $H_X \to P^\vee$ est constructible). Autrement dit X est contenu dans l'ouvert affine de P complémentaire de l'hyperplan correspondant à ξ. Ainsi X est affine et projectif, donc fini.

Si X est fini, H_X est de dimension $n-1$ (en effet c'est un fibré projectif de dimension relative $n-1$ sur X), alors que $P^\vee$ est de dimension n. Le morphisme $H_X \to P^\vee$ ne peut être dominant, sa fibre générique est vide.

Remarque 3.2.- Si x est un point de U dont l'image dans P est un point fermé, on a $\deg \mathrm{tr}_k\, k(x) \leqslant 1$, car $U \to P$ est de dimension relative 1. Par suite, si x est un point de U tel que $\deg \mathrm{tr}_k\, k(x) \geqslant 2$, le schéma $H_{x,\eta}$ est non vide.

COROLLAIRE 3.3.- *Soit* $f : X \to P$ *un morphisme de type fini et soit* Z *une partie constructible de* X. *Alors, pour que l'image inverse de* Z *dans* $H_{X,\eta}$ *soit vide, il faut et il suffit que* $f(Z)$ *soit fini.*

Démonstration. On sait que $f(Z)$ est constructible (Chevalley, EGA IV, 1.8.5). Il revient donc au même de dire que tout point de $f(Z)$ est fermé ou que $f(Z)$ est fini.

COROLLAIRE 3.4.- *Soit* $f : X \to P$ *un morphisme de type fini et soient* Z, Z' *deux parties fermées de* X, *avec* Z *irréductible. Alors, pour que* $H_{Z,\eta} \subset H_{Z',\eta}$ *dans* $H_{X,\eta}$, *il faut et il suffit que* $f(Z)$ *soit fini ou que* $Z \subset Z'$.

Démonstration. D'après 3.3, l'image réciproque de $Z - Z \cap Z'$ dans $H_{X,\eta}$ est vide si et seulement si $f(Z - Z\cap Z')$ est fini et constitué de points fermés. Ceci n'est possible que si $Z \subset Z'$ ou si $f(Z)$ est fini. En effet si $Z \not\subset Z'$, alors $Z - Z\cap Z'$ est dense dans Z, donc $f(Z - Z\cap Z')$ est dense dans $f(Z)$; par suite, si $f(Z - Z\cap Z')$ est fini et constitué de points fermés, il en est de même de $f(Z)$.

COROLLAIRE 3.5.- *Soit* $f : X \to P$ *un morphisme de type fini. Supposons que, pour toute composante irréductible* X_i *de* X, *on ait* $\dim \overline{f(X_i)} \geqslant 1$. *Alors* $H_{X_{i,\eta}}$ *est une composante irréductible de* $H_{X,\eta}$ *et l'application* $X_i \mapsto H_{X_{i,\eta}}$ *réalise une bijection entre l'ensemble des composantes irréductibles de* X *et l'ensemble des composantes irréductibles de* $H_{X,\eta}$.

Démonstration. Chaque $H_{X_{i,\eta}}$ est irréductible (car $H_{X_i} \to X_i$ est un fibré projectif, donc H_{X_i} est irréductible) non vide(3.3); on a $H_{X,\eta} = \cup H_{X_{i,\eta}}$ et les $H_{X_{i,\eta}}$ sont mutuellement sans relation d'inclusion(3.4).

PROPOSITION 3.6.- Soit $f : X \to P$ un morphisme de type fini. Supposons que X est irréductible et que $\dim \overline{f(X)} \geqslant 1$. Alors $H_{X,\eta}$ est irréductible et $\dim H_{X,\eta} = \dim X - 1$.

Démonstration. Par construction $H_{X,\eta}$ est défini comme le diviseur d'une section d'un module inversible sur $X_\eta = X \otimes_k k(\eta)$. On a vu ci-dessus que $H_{X,\eta}$ est irréductible, il en est de même de X_η car X est irréductible et $k(\eta)$ extension transcendante pure de k. Enfin $H_{X,\eta} \neq X_\eta$, puisque l'image de $H_{X,\eta}$ dans X n'est pas égale à X (3.1). Par suite $\dim H_{X,\eta} = \dim X_\eta - 1$; de plus $\dim X_\eta = \dim X$.

COROLLAIRE 3.7.- Soit $f : X \to P$ un morphisme de type fini. Supposons que, pour toute composante irréductible X_i de X, on ait $\dim \overline{f(X_i)} \geqslant 1$. Alors il existe un ouvert dense $\underline{W}$ de $P^\vee$ tel que, pour tout $\xi \in \underline{W}$, les composantes irréductibles de la fibre $H_{X_i,\xi}$ soient de dimension $\dim(X_i) - 1$ et que, si $i \neq j$, il n'y ait pas de relation d'inclusion entre composantes irréductibles de $H_{X_i,\xi}$ et composantes irréductibles de $H_{X_j,\xi}$.

Démonstration. L'assertion résulte de la constructibilité des propriétés envisagées (EGA IV, 9.5) des composantes irréductibles des fibres de $H_X \to P^\vee$ et du fait qu'elles sont vérifiées au poins générique η de $P^\vee$ (3.5 et 3.6).

PROPOSITION 3.8.- Soit V un sous-schéma de U et soient x un point de V tel que $\deg \mathrm{tr}_k k(x) \geqslant 2$ et y un point de $H_{x,\eta}$. Alors, pour que V soit lisse sur k en x, il faut et il suffit que $H_{V,\eta}$ soit lisse sur $k(\eta)$ en y.

Démonstration. On peut supposer k algébriquement clos. Si $H_{V,\eta}$ est lisse sur $k(\eta)$ en y, il est régulier en ce point ; comme $H_{V,\eta}$ est plat sur V, V est régulier en x, donc lisse sur k en x, puisque k est parfait.

Pour la réciproque, on peut, quitte à remplacer V par un voisinage ouvert de x, supposer V lisse et défini dans un ouvert U' de U par p équations

$f_1,\dots,f_p$ dont les différentielles $df_1,\dots,df_p$ sont partout linéairement indépendantes (critère jacobien). On peut supposer de plus que U' est contenu dans un ouvert affine standard de U de coordonnées $T_j^{(i)} = \frac{T_j}{T_i}$ $(j \neq i)$ et T_i ; quitte à réindexer les coordonnées on peut supposer $i = 0$. De plus, comme $\deg \operatorname{tr}_k k(x) \geqslant 2$, on a $p \leqslant n-1$ $(= n+1-2)$.

L'équation de $H_{U',\eta}$ dans $U'_\eta = U' \otimes_k k(\eta)$ est en coordonnées homogènes $\sum_{j=0}^{n} S_j T_j = 0$, autrement dit en coordonnées affines $\sum_{j=1}^{n} S_j/S_0\, T_j^{(o)} - 1 = 0$, où S_j/S_0 est une base de transcendance de $k(\eta)$ sur k. Ainsi $H_{V,\eta}$ est le fermé $V(f_1,\dots,f_p\,,\ \Sigma\, S_j/S_0\, T_j^{(o)} - 1)$ de U'_η. Il s'agit de vérifier que les différentielles relativement à $k(\eta)$ de $f_1,\dots,f_p\,,\ \Sigma\, S_j/S_0\, T_j^{(o)} - 1$ sont linéairement indépendantes dans $\underline{\Omega}^1_{U'_\eta/k(\eta)} = \underline{\Omega}^1_{U'/k} \otimes_k k(\eta)$ en tout point de U'_η. Ces différentielles sont $df_1,\dots,df_p\,,\ \sum_{j=1}^{n} S_j/S_0\, dT_j^{(o)}$. Soit E l'espace vectoriel engendré (dans la fibre de $\underline{\Omega}^1_{U'/k}$ au-dessus d'un point de U') par $dT_1^{(o)},\dots,dT_n^{(o)}$ et F l'intersection de E avec l'espace vectoriel engendré par $df_1,\dots,df_p$. On a $\dim(E) = n$ et $\dim(F) \leqslant p < n$; donc $E/F \neq 0$ et $\Sigma\, S_j/S_0\, dT_j^{(o)}$ est non nul dans $E/F \otimes_k k(\eta)$, d'où l'indépendance linéaire désirée.

PROPOSITION 3.9.- <u>Soient</u> V <u>un</u> $\mathbb{P}$-<u>schéma</u>, y <u>un point de</u> $H_{V,\eta}$ <u>et</u> x <u>l'image de</u> y <u>dans</u> V. <u>Alors, pour que</u> V <u>vérifie la condition</u> (S_r) <u>en</u> x, <u>il faut et il suffit que</u> $H_{V,\eta}$ <u>vérifie la condition</u> (S_r) <u>en</u> y.

<u>Démonstration</u>. Il suffit de remarquer que le morphisme $H_{V,\eta} \to V$ est régulier (i.e. plat à fibres géométriquement régulières), puisque $H_V \to V$ est un fibré projectif.

PROPOSITION 3.10.- <u>Soit</u> V <u>un sous-schéma de</u> U. <u>Supposons que</u> V <u>est géométriquement réduit sur</u> k <u>et que pour tout point maximal</u> x <u>de</u> V <u>on a</u> $\deg \operatorname{tr}_k k(x) \geqslant 2$. <u>Alors</u> $H_{V,\eta}$ <u>est géométriquement réduit sur</u> $k(\eta)$.

<u>Démonstration</u>. Dire que V est géométriquement réduit sur k, c'est dire que V vérifie la condition (S_1) et est lisse en ses points maximaux. D'après 3.9 $H_{V,\eta}$ vérifie la condition (S_1) et d'après 3.8 et l'hypothèse faite sur les points

maximaux de V , $H_{V,\eta}$ est lisse sur $k(\eta)$ en ceux de ses points qui se projettent sur des points maximaux de V , en particulier en ses propres points maximaux (puisque $H_{V,\eta} \to V$ est plat). Autrement dit $H_{V,\eta}$ est géométriquement réduit sur $k(\eta)$.

COROLLAIRE 3.11.- Soit V un sous-schéma de U vérifiant les hypothèses de la proposition précédente. Alors il existe un ouvert dense $\underline{W}$ de $P^{\vee}$ tel que pour tout point $\xi \in \underline{W}$, le schéma $H_{V,\xi} = H_V \otimes_{P^{\vee}} k(\xi)$ est géométriquement réduit sur $k(\xi)$.

Démonstration. Le morphisme $H_V \to P^{\vee}$ est de présentation finie, donc l'ensemble E des points ξ de $P^{\vee}$ en lesquels la fibre $H_{V,\xi}$ est géométriquement réduite est localement constructible (EGA IV, 9.7.7). D'après la proposition 3.10 l'ensemble E est non vide, il contient donc un ouvert dense.

PROPOSITION 3.12.- Soit k un corps parfait infini et soit A une k-algèbre locale essentiellement de type fini à corps résiduel k . Supposons que A est réduit et que les composantes irréductibles de $\mathrm{Spec}(A)$ sont de dimension ≥ 2 . Alors il existe un élément régulier $t \in \mathrm{rad}(A)$ tel que l'ouvert complémentaire du point fermé dans $\mathrm{Spec}(A/t)$ soit réduit.

Démonstration. Par hypothèse il existe un entier n et un sous-schéma réduit Z de $C = \mathrm{Spec}\, k[T_0,\dots,T_n]$ dont les composantes irréductibles sont de dimension ≥ 2 tel que A soit isomorphe à l'anneau local de Z à l'origine. Soit V l'ouvert complémentaire de l'origine dans Z . Puisque k est parfait et Z réduit, V est géométriquement réduit sur k ; de plus, puisque les composantes irréductibles de Z sont de dimension ≥ 2 , pour tout point maximal x de V , on a $\deg \mathrm{tr}_k\, k(x) \geq 2$. Soient $\underline{W}_1$ et $\underline{W}_2$ les ouverts denses de $P^{\vee}$ donnés par les corollaires 3.7 et 3.11. Puisque k est infini, $\underline{W}_1 \cap \underline{W}_2$ contient un point rationnel $\xi = (s_0,\dots,s_n)$; alors $H_{V,\xi}$ est l'ouvert complémentaire du point fermé dans $\mathrm{Spec}(A/t)$, où t est l'image de $\Sigma\, s_i T_i$ dans A . Puisque $\xi \in \underline{W}_2$, $H_{V,\xi}$ est réduit ; et puisque $\xi \in \underline{W}_1$, $H_{V,\xi}$ ne contient pas les points maximaux de $\mathrm{Spec}(A)$, par suite t est un élément régulier de A , puisque A est réduit.

COROLLAIRE 3.13.- Soit k un corps parfait infini et soit A une k-algèbre locale essentiellement de type fini à corps résiduel k. Supposons que A est réduit et que $\mathrm{prof}(A) \geqslant 2$. Alors il existe un élément régulier $t \in \mathrm{rad}(A)$ tel que A/t soit réduit.

Démonstration. Remarquons tout d'abord que l'hypothèse $\mathrm{prof}(A) \geqslant 2$ entraîne que les composantes irréductibles de $\mathrm{Spec}(A)$ sont de dimension $\geqslant 2$. D'après 3.12, il existe un élément régulier $t \in \mathrm{rad}(A)$ tel que A/t soit réduit sauf peut-être au point fermé, mais $\mathrm{prof}(A/t) \geqslant 1$, donc A/t est réduit.

CHAPITRE II

REPRÉSENTABILITÉ DU FONCTEUR DE PICARD LOCAL

Soient k un corps et R une k-algèbre locale noethérienne d'idéal maximal $\underline{m}$ et de corps résiduel $R/\underline{m} = k$. Pour toute k-algèbre A, on note $R \tilde{\otimes}_k A$ l'hensélisé du couple $(R \otimes_k A \ , \ \underline{m}R \otimes_k A)$ et $R \hat{\otimes}_k A$ son complété [on a rassemblé en appendice dans le §8 un certain nombre de résultats utiles sur ces produits tensoriels hensélisés et complétés]. Pour tout R-schéma X, on note $\tilde{X}_A = X \otimes_R (R \tilde{\otimes}_k A)$ et $\hat{X}_A = X \otimes_R (R \hat{\otimes}_k A)$.

On s'intéresse plus particulièrement au cas où X est l'ouvert U complémentaire du point fermé dans Spec(R). On appelle <u>foncteur de Picard local de R au-dessus de k</u>, et on note $\underline{\mathrm{Picloc}}_{R/k}$, le faisceau en groupes abéliens pour la topologie étale sur les k-algèbres associé au préfaisceau $A \mapsto \mathrm{Pic}(\tilde{U}_A)$.

Le but de ce chapitre est de démontrer les résultats suivants :

(i) <u>Si</u> $\mathrm{prof}(R) \geq 2$, <u>la section unité de</u> $\underline{\mathrm{Picloc}}_{R/k}$ <u>est représentable par une immersion fermée de présentation finie</u>.

(ii) <u>Si de plus</u> $H^1(U,\underline{O}_U)$ <u>est de dimension finie sur</u> k, <u>le foncteur</u> $\underline{\mathrm{Picloc}}_{R/k}$ <u>est représentable par un k-schéma en groupes localement de type fini</u>.

Si R est complet, l'hypothèse de finitude sur $H^1(U,\underline{O}_U)$ est vérifiée dès que tout point fermé de U est de profondeur ≥ 2. En particulier, les hypothèses de (ii) sont satisfaites si le complété de R est normal de dimension ≥ 3.

La démonstration procède à la vérification des critères de représentabilité de M. Artin tels qu'ils ont été explicités au chapitre I. Les trois premiers paragraphes établissent certaines propriétés relativement élémentaires du foncteur $\underline{\mathrm{Picloc}}_{R/k}$: il est localement de présentation finie (§1) ; de plus, si $\mathrm{prof}(R) \geq 2$, c'est un faisceau pour la topologie fppf (§3) et le foncteur $A \mapsto \mathrm{Pic}(\tilde{U}_A)/\mathrm{Pic}(A)$ est séparé pour cette topologie (§2). Au §4 on étudie la théorie de déformation. Au §5 on vérifie le critère valuatif de séparation, on utilise pour ce faire une variante débarrassée d'hypothèses de normalité du théorème de parafactorialité de Ramanujam-Samuel, variante que l'on trouvera en appendice (§9). La démonstration de (i) s'achève en vérifiant l'injectivité du passage aux limites adiques (§6).

Sous les hypothèses de (ii), la théorie de déformation montre que le foncteur $\underline{\mathrm{Picloc}}_{R/k}$ est prereprésentable ; pour conclure, il reste à montrer qu'il est effectivement proreprésentable (§7). Indiquons dès maintenant la démarche suivie : si $(\bar{A}, \{\xi_n\})$ est la déformation formelle universelle de $\underline{\mathrm{Picloc}}_{R/k}$ à l'origine, un théorème de Lefschetz-Grothendieck (SGA 2) joint à la variante du théorème de Ramanujam-Samuel mentionnée plus haut permet de trouver un représentant $\bar{\xi} \in \mathrm{Pic}(\hat{U}_{\bar{A}})$ de $\{\xi_n\}$, lequel $\bar{\xi}$ provient d'un élément ξ de $\mathrm{Pic}(\tilde{U}_{\bar{A}})$ d'après un théorème de R. Elkik [21].

1. Commutation aux limites inductives.

Dans ce paragraphe et les suivants, on désigne par U un R-schéma quasi-séparé quasi-compact [à partir du §5, on supposera que U est l'ouvert complémentaire du point fermé dans Spec(R)]. On note P [resp. $P_{p\ell}$] le faisceau en groupes abéliens pour la topologie étale [resp. fppf] sur la catégorie des k-algèbres associé au foncteur $A \mapsto \mathrm{Pic}(\tilde{U}_A)$.

PROPOSITION 1.1.- Le foncteur qui, à toute k-algèbre A , associe $\mathrm{Pic}(\tilde{U}_A)$ est localement de présentation finie.

Démonstration. Soient $\{A_\alpha\}$ un système inductif filtrant de k-algèbres et $A = \varinjlim A_\alpha$. Alors on a $R \tilde{\otimes}_k A = \varinjlim R \tilde{\otimes}_k A_\alpha$ (appendice 8.4) et, par changement de base au-dessus de U , on voit que $\tilde{U}_A = \varinjlim \tilde{U}_{A_\alpha}$ (EGA IV, 8.2.5). De plus, comme U est quasi-séparé quasi-compact, l'application canonique $\varinjlim \mathrm{Pic}(\tilde{U}_{A_\alpha}) \to \mathrm{Pic}(\tilde{U}_A)$ est bijective (EGA IV, 8.5).

PROPOSITION 1.2.- Soit F : (k-algèbres) → (ensembles) un foncteur localement de présentation finie. Soit F_{et} (resp. $F_{p\ell}$) le faisceau associé à F pour la topologie étale (resp. fppf). Alors les foncteurs F_{et} et $F_{p\ell}$ sont localement de présentation finie.

COROLLAIRE 1.3.- Les foncteurs P et $P_{p\ell}$ sont localement de présentation finie.

Démonstration de la proposition. Nous écrirons la démonstration dans le cas de la topologie fppf. La démonstration dans le cas étale s'obtiendrait en remplaçant partout "fppf" par "fidèlement plat étale" et en rajoutant la référence à EGA, IV, 17.7.8.

Soient $\{A_\alpha\}$ un système inductif filtrant de k-algèbres et $A = \varinjlim A_\alpha$. Nous allons montrer que l'application canonique $\varphi : \varinjlim F_{p\ell}(A_\alpha) \to F_{p\ell}(A)$ est bijective.

Montrons d'abord qu'elle est injective. Soient $\xi, \eta \in \varinjlim F_{p\ell}(A_\alpha)$ tels que $\varphi(\xi) = \varphi(\eta)$. Soit α un indice tel que ξ et η soient les images de ξ_α et $\eta_\alpha \in F_{p\ell}(A_\alpha)$. Par définition du faisceau associé (cf. SGA 3, chap. IV), il existe une A_α-algèbre fppf A'_α et $\xi'_\alpha, \eta'_\alpha \in F(A'_\alpha)$ qui représentent ξ_α, η_α. Dire que $\varphi(\xi) = \varphi(\eta)$, c'est dire qu'il existe une $A \otimes_{A_\alpha} A'_\alpha$-algèbre fppf A'' telle que les images de ξ'_α et η'_α dans $F(A'')$ coïncident. Mais $A \otimes_{A_\alpha} A'_\alpha = \varinjlim_{\beta > \alpha} (A_\beta \otimes_{A_\alpha} A'_\alpha)$; par suite (EGA IV, 8.8.2, 8.10.5, 11.2.6.1) il existe un indice $\beta > \alpha$ et une $A_\beta \otimes_{A_\alpha} A'_\alpha$-algèbre fppf A''_β telle que $A'' \simeq A \otimes_{A_\beta} A''_\beta$. Pour tout $\gamma > \beta$, soit $A''_\gamma = A_\gamma \otimes_{A_\beta} A''_\beta$. Alors $A'' = \varinjlim A''_\gamma$, d'où par hypothèse $\varinjlim F(A''_\gamma) \simeq F(A'')$. Par suite les images de ξ'_α et η'_α dans $\varinjlim F(A''_\gamma)$ coïncident ; a fortiori $\xi = \eta$ dans $\varinjlim F_{p\ell}(A_\gamma)$.

Montrons maintenant que φ est surjective. Soit $\eta \in F_{p\ell}(A)$. Par définition il existe une A-algèbre fppf A' et un élément $\eta' \in F(A')$ qui représente η. De plus il existe une $A' \otimes_A A'$-algèbre fppf A'' telle que les deux images de η' dans $F(A'')$ coïncident. Puisque $A = \varinjlim A_\alpha$, il existe un indice α, une A_α-algèbre fppf A'_α telle que $A' \simeq A \otimes_{A_\alpha} A'_\alpha$ et une $A'_\alpha \otimes_{A_\alpha} A'_\alpha$-algèbre fppf A''_α telle que $A'' \simeq A \otimes_{A_\alpha} A''_\alpha$. Pour tout $\beta \geqslant \alpha$, soient $A'_\beta = A_\beta \otimes_{A_\alpha} A'_\alpha$ et $A''_\beta = A_\beta \otimes_{A_\alpha} A''_\alpha$. Alors $A' = \varinjlim A'_\beta$ et $A'' = \varinjlim A''_\beta$, d'où par hypothèse $\varinjlim F(A'_\beta) \simeq F(A')$ et $\varinjlim F(A''_\beta) \simeq F(A'')$. Il existe donc un indice β et un élément $\eta'_\beta \in F(A'_\beta)$ dont l'image dans $F(A')$ est η' et dont les deux images dans $F(A''_\beta)$ coïncident. Par suite η'_β représente un élément η_β de $F_{p\ell}(A_\beta)$ dont l'image dans $F_{p\ell}(A)$ est η.

2. Complément sur le passage au faisceau associé.

On suppose dans ce paragraphe que $R' = \Gamma(U,\underline{O}_U)$ est une R-algèbre finie. On note $S = \mathrm{Spec}(R')$ et, pour toute k-algèbre A , on note $\bar{S}_A = \mathrm{Spec}(R'/\underline{m}R' \otimes_k A)$.

PROPOSITION 2.1.- *Pour toute k-algèbre A , les suites d'homomorphismes canoniques :*

$$0 \to \mathrm{Pic}(\tilde{S}_A) \to \mathrm{Pic}(\tilde{U}_A) \to P(A)$$

$$0 \to \mathrm{Pic}(\tilde{S}_A) \to \mathrm{Pic}(\tilde{U}_A) \to P_{p\ell}(A)$$

sont exactes. Plus précisément, si $p : \tilde{U}_A \to \tilde{S}_A$ est l'homomorphisme canonique et si L est un faisceau inversible sur $\tilde{U}_A$, l'image de L dans $P_{p\ell}(A)$ est nulle si et seulement si p_*L est inversible et si l'homomorphisme canonique $p^*p_*L \to L$ est un isomorphisme.

Démonstration. Puisque $R \tilde{\otimes}_k A$ est plat sur R , l'homomorphisme canonique $\underline{O}_{\tilde{S}_A} \to p_*\underline{O}_{\tilde{U}_A}$ est bijectif ; par suite l'application $p^* : \mathrm{Pic}(\tilde{S}_A) \to \mathrm{Pic}(\tilde{U}_A)$ est injective.

Par ailleurs le faisceau en groupes abéliens sur la catégorie des k-algèbres associé au foncteur $A \mapsto \mathrm{Pic}(\tilde{S}_A)$ pour la topologie de Zariski (a fortiori pour la topologie étale ou fppf) est nul. En effet ce foncteur est localement de présentation finie (1.1) et, si A est un anneau local, $\tilde{S}_A$ est le spectre d'un anneau semi-local (car R' est fini sur R), donc $\mathrm{Pic}(\tilde{S}_A) = 0$.

Enfin, si L est un faisceau inversible sur $\tilde{U}_A$ dont l'image dans $P_{p\ell}(A)$ est nulle ; il existe une A-algèbre fppf A' telle que l'image réciproque de L sur $\tilde{U}_{A'}$ soit nulle. Alors $R \tilde{\otimes}_k A'$ est fidèlement plat sur $R \tilde{\otimes}_k A$ et la proposition résulte du lemme suivant

LEMME 2.2.- *Soit $f : X \to Y$ un morphisme quasi-séparé quasi-compact tel que $f_*\underline{O}_X \simeq \underline{O}_Y$. Soient $g : Y' \to Y$ un morphisme fidèlement plat quasi-compact et*

$$\begin{array}{ccc} X & \xleftarrow{g'} & X' \\ f\downarrow & & \downarrow f' \\ Y & \xleftarrow[g]{} & Y' \end{array}$$

le carré cartésien correspondant. Soit L un faisceau inversible sur X tel que g'^*L soit trivial. Alors f_*L est un faisceau inversible sur Y et l'homomorphisme canonique $f^*f_*L \to L$ est un isomorphisme.

Démonstration. On a par changement de base plat $f'_*\underline{O}_{X'} \simeq \underline{O}_{Y'}$ et $g^*f_*L \simeq f'_*g'^*L$. Par hypothèse $g'^*L \simeq \underline{O}_{X'}$, donc $f'_*g'^*L \simeq \underline{O}_{Y'}$ et l'homomorphisme canonique $f'^*f'_*g'^*L \to g'^*L$ est un isomorphisme. Alors, comme g est fidèlement plat quasi-compact, f_*L est inversible (EGA IV, 2.5.2) et du diagramme commutatif d'isomorphismes de $\underline{O}_{X'}$-Modules :

$$\begin{array}{ccc} f'^*f'_*g'^*L & \xrightarrow{\sim} & g'^*L \\ \wr\downarrow & \nearrow\wr & \\ g'^*(f^*f_*L) & & \end{array}$$

il résulte que l'homomorphisme canonique $f^*f_*L \to L$ est un isomorphisme.

En vue de références futures, notons une conséquence immédiate du lemme 2.2 :

LEMME 2.3.- Sous les hypothèses du lemme 2.2, supposons de plus que l'application canonique $\mathrm{Pic}(Y) \to \mathrm{Pic}(Y')$ est injective [e.g. $\mathrm{Pic}(Y) = 0$]. Alors l'application canonique $\mathrm{Pic}(X) \to \mathrm{Pic}(X')$ est injective.

Démonstration. Si L est un faisceau inversible sur X tel que g'^*L est trivial, on a $g^*f_*L \simeq O_{Y'}$, donc $f_*L \simeq \underline{O}_Y$ et $L \simeq f^*f_*L \simeq \underline{O}_X$.

De la proposition 2.1, il résulte immédiatement :

COROLLAIRE 2.4.- Le foncteur qui, à toute k-algèbre A, associe $\mathrm{Pic}(\tilde{U}_A)/\mathrm{Pic}(\tilde{S}_A)$ est séparé pour la topologie fppf et P [resp. $P_{p\ell}$] est le faisceau en groupes abéliens pour la topologie étale [resp. fppf] associé à ce foncteur.

Remarque 2.5.- Si la k-algèbre A est noethérienne, $R\hat{\otimes}_k A$ est plat sur R (appendice 8.1), l'argument utilisé au début de la démonstration de la proposition

2.1 montre donc que l'application canonique $\mathrm{Pic}(\hat{S}_A) \to \mathrm{Pic}(\hat{U}_A)$ est injective.

PROPOSITION 2.6.- Soient $\varphi : B \to B'$ un homomorphisme d'anneaux et I un idéal de B tel que l'homomorphisme $B/I \to B'/IB'$ déduit de φ soit un isomorphisme. Soient X un B-schéma quasi-séparé quasi-compact, $X' = X \otimes_B B'$ et $\bar{X} = X \otimes_B B/I$. Supposons que le seul voisinage ouvert de $\bar{X}$ dans X est X tout entier et que l'une des deux conditions suivantes est vérifiée

(i) X est un B-schéma affine,

(ii) l'homomorphisme $\varphi : B \to B'$ est plat.

Alors l'application canonique $\mathrm{Pic}(X) \to \mathrm{Pic}(X')$ est injective.

Démonstration. Soit L un faisceau inversible sur X dont l'image réciproque L' sur X' est libre, engendrée par une section globale $s' \in \Gamma(X',L')$. Sous l'une des hypothèses (i) ou (ii), l'homomorphisme canonique $\Gamma(X,L)\otimes_B B' \to \Gamma(X',L')$ est bijectif ; on peut donc trouver une section $s \in \Gamma(X,L)$ qui a même image que s' dans $\Gamma(\bar{X},L)$. Par construction cette section engendre L en tout point de $\bar{X}$, donc sur X tout entier.

PROPOSITION 2.7.- Pour toute k-algèbre A, les applications canoniques $\mathrm{Pic}(\tilde{S}_A) \to \mathrm{Pic}(\hat{S}_A) \to \mathrm{Pic}(\bar{S}_A)$ sont bijectives.

Démonstration. L'injectivité de ces applications résulte de la proposition 2.6, il suffit donc de montrer que l'application $\mathrm{Pic}(\tilde{S}_A) \to \mathrm{Pic}(\bar{S}_A)$ est surjective. Or le foncteur, qui, à toute R-algèbre B, associe l'ensemble des matrices $p \times q$ à coefficients dans B telles que le conoyau de l'application $B^p \to B^q$ correspondante soit inversible, est représentable par un R-schéma lisse T ([21], III.1). Comme le couple $(\tilde{S}_A,\bar{S}_A)$ est hensélien, l'application $T(\tilde{S}_A) \to T(\bar{S}_A)$ est surjective.

3. Comparaison entre faisceaux associés pour les topologies étale et fppf.

On suppose encore dans ce paragraphe que $R' = \Gamma(U, \underline{O}_U)$ est une R-algèbre finie.

LEMME 3.1.- Soit (B,I) un couple hensélien tel que B/I soit un anneau local hensélien. Alors B est un anneau local hensélien.

Démonstration. Il est clair que B est local puisque $I \subset \mathrm{rad}(B)$. Soit $\underline{n}$ l'idéal maximal de B. Soient C une B-algèbre finie et $\bar{e}$ un idempotent de $C/\underline{n}C$. Puisque B/I est local hensélien, $\bar{e}$ se relève en un idempotent e' de C/IC qui lui-même se relève en un idempotent e de C, puisque le couple (B,I) est hensélien.

PROPOSITION 3.2.- Soit A une k-algèbre locale strictement hensélienne. Alors les homomorphismes canoniques : $\mathrm{Pic}(\tilde{U}_A) \to P(A) \to P_{p\ell}(A)$ sont des isomorphismes.

Démonstration. On notera $X = \tilde{U}_A$, $Y = \tilde{S}_A$, $Z = \mathrm{Spec}(A)$ et $f : X \to Y$ le morphisme canonique. Par changement de base plat $R \to R \tilde{\otimes}_k A$, on a $f_* \underline{O}_X = \underline{O}_Y$; par ailleurs, comme R' est une R-algèbre finie, Y est le spectre d'un produit fini d'anneaux locaux strictement henséliens.

L'assertion 3.2 est claire en ce qui concerne P, car toute A-algèbre fidèlement plate étale possède une section. Une A-algèbre fppf A' possède seulement une quasi-section $A' \to A''$, où A'' est une A-algèbre fppf quasi-finie [EGA IV, 17.16.2] que l'on peut même supposer finie puisque A est hensélien (EGA IV, 18.5.11). Compte tenu de 2.1 et du fait que $\mathrm{Pic}(\tilde{S}_A) = 0$, on a donc :

$$P_{p\ell}(A) = \varinjlim \mathrm{Ker}\{\mathrm{Pic}(\tilde{U}_{A''}) \rightrightarrows \mathrm{Pic}(\tilde{U}_{A''\otimes_A A''})\} ,$$

la limite inductive étant prise sur les A-algèbres A'' fppf finies. Mais alors

$$R \tilde{\otimes}_k A'' = (R \tilde{\otimes}_k A) \otimes_A A'' \qquad R \tilde{\otimes}_k (A''\otimes_A A'') = (R \tilde{\otimes}_k A) \otimes_A (A''\otimes_A A'')$$

d'où $\tilde{U}_{A''} = X \otimes_A A''$ et $\tilde{U}_{A''\otimes_A A''} = X \otimes_A (A''\otimes_A A'')$.

Par suite, si l'on note $\underline{\mathrm{Pic}}_{X/Z}$ le faisceau associé pour la topologie fppf au préfaisceau $Z' \mapsto \mathrm{Pic}(X \times_Z Z')$, $Z' \in \mathrm{Sch}/Z$; on a

$$P_{p\ell}(A) = \underline{\mathrm{Pic}}_{X/Z}(Z) .$$

De plus au morphisme composé $X \to Y \to Z$ correspond une application canonique $\underline{\mathrm{Pic}}_{X/Z}(Z) \to \underline{\mathrm{Pic}}_{X/Y}(Y)$, où $\underline{\mathrm{Pic}}_{X/Y}$ est le faisceau associé pour la topologie fppf au préfaisceau $Y' \mapsto \mathrm{Pic}(X \times_Y Y')$, $Y' \in \mathrm{Sch}/Y$. Il résulte facilement du lemme 2.2 que cette application est injective. Pour conclure il suffira donc de montrer que l'application canonique $\mathrm{Pic}(X) \to \underline{\mathrm{Pic}}_{X/Y}(Y)$ est bijective.

Par définition, on a $\underline{\mathrm{Pic}}_{X/Y}(Y) = H^0(Y, R^1_{\mathrm{fppf}}\ f_* \mathbb{G}_m)$. Comme $f_* \underline{O}_X = \underline{O}_Y$, la suite exacte des termes de bas degré de la suite spectrale de Leray en cohomologie fppf du morphisme $f : X \to Y$ s'écrit :

$$0 \to \mathrm{Pic}(Y) \to \mathrm{Pic}(X) \to \underline{\mathrm{Pic}}_{X/Y}(Y) \to H^2(Y_{p\ell}, \mathbb{G}_m) \to H^2(X_{p\ell}, \mathbb{G}_m) .$$

Mais Y est semi-local, donc $\mathrm{Pic}(Y) = 0$; et de plus strictement hensélien, donc $H^2(Y_{p\ell}, \mathbb{G}_m) = 0$ ([28], 11.6), d'où la proposition.

PROPOSITION 3.3.- <u>L'homomorphisme canonique</u> $P \to P_{p\ell}$ <u>est un isomorphisme.</u>

<u>Démonstration.</u> Soient A une k-algèbre, $Z = \mathrm{Spec}(A)$, P/Z et $P_{p\ell}/Z$ les restrictions de P et $P_{p\ell}$ à la catégorie des schémas étales sur Z . Ce sont deux faisceaux pour la topologie étale et il suffit de montrer que l'homomorphisme de faisceaux $P/Z \to P_{p\ell}/Z$ est un isomorphisme.

Pour cela il suffit de montrer que pour tout point géométrique $\bar{z}$ de Z (au sens de SGA 4, VIII.3.1) l'application induite sur les fibres $P_{\bar{z}} \to P_{p\ell,\bar{z}}$ est un isomorphisme. Soit $\bar{Z}$ l'hensélisé strict de Z en $\bar{z}$. Comme P et $P_{p\ell}$ sont localement de présentation finie, on a $P_{\bar{z}} = P(\bar{Z})$ et $P_{p\ell,\bar{z}} = P_{p\ell}(\bar{Z})$. L'assertion résulte donc de la proposition précédente.

4. Théorie de déformation.

On désigne encore par U un R-schéma quasi-séparé quasi-compact, cependant on ne suppose pas que $\Gamma(U,\underline{O}_U)$ est une R-algèbre finie. Faute de référence satisfaisante, nous commençons par démontrer le résultat suivant qui est bien connu :

PROPOSITION 4.1.- Soient $Y = \mathrm{Spec}(A)$ un schéma affine, $f : X \to Y$ un morphisme quasi-séparé quasi-compact et F un $\underline{O}_X$-module quasi-cohérent. Soient A' une A-algèbre, $Y' = \mathrm{Spec}(A')$ et

$$\begin{array}{ccc} X & \xleftarrow{g} & X' \\ f\downarrow & & \downarrow f' \\ Y & \longleftarrow & Y' \end{array}$$

le carré cartésien correspondant. Alors pour tout A'-module M plat sur A et pour tout $q \geqslant 0$, il existe un isomorphisme canonique de A'-modules :

$$H^q(X,F) \otimes_A M \simeq H^q(X', g^*F \otimes_{\underline{O}_{X'}} f'^*\tilde{M}) .$$

Démonstration. Soit $\underline{U} = (U_i)_{i\in I}$ un recouvrement fini de X par des ouverts affines. On sait que $H^q(X,F)$ est canoniquement isomorphe à l'homologie du complexe de Čech $C^\bullet = C^\bullet(\underline{U},F)$. De plus $\underline{U}' = (U_i \times_Y Y')_{i\in I}$ est un recouvrement ouvert affine de X' et $C^\bullet \otimes_A M$ est le complexe de Čech de $g^*F \otimes_{\underline{O}_{X'}} f'^*\tilde{M}$ pour ce recouvrement. Donc $H^q(X', g^*F \otimes_{\underline{O}_{X'}} f'^*\tilde{M})$ est canoniquement isomorphe à l'homologie du complexe $C^\bullet \otimes_A M$. Mais M est plat sur A et par suite :

$$H^q(C^\bullet \otimes_A M) \simeq H^q(C^\bullet) \otimes_A M .$$

L'isomorphisme ainsi défini ne dépend pas du recouvrement choisi. En effet soient $\underline{V}$ un recouvrement fini de X par des ouverts affines plus fin que $\underline{U}$ et $\underline{V}'$ le recouvrement correspondant de X'. On a alors un diagramme commutatif de complexes :

$$\begin{array}{ccc} C^\bullet(\underline{U},F) \otimes_A M & \to & C^\bullet(\underline{V},F) \otimes_A M \\ \downarrow\wr & & \downarrow\wr \\ C^\bullet(\underline{U}', g^*F \otimes f'^*\tilde{M}) & \to & C^\bullet(\underline{V}', g^*F \otimes f'^*\tilde{M}) \end{array}$$

qui induit un diagramme commutatif d'isomorphismes sur la cohomologie.

PROPOSITION 4.2.- Soient $A' \to A \to A_0$ une situation de déformation (I §1) et $M = \mathrm{Ker}(A' \to A)$. Alors on a une suite exacte :

$$0 \to H^1(U,\underline{O}_U) \tilde{\otimes}_k M \to \mathrm{Pic}(\tilde{U}_{A'}) \to \mathrm{Pic}(\tilde{U}_A) \to H^2(U,\underline{O}_U) \tilde{\otimes}_k M .$$

De plus, si A' est noethérien, on a aussi une suite exacte :

$$0 \to H^1(U,\underline{O}_U) \hat{\otimes}_k M \to \mathrm{Pic}(\hat{U}_{A'}) \to \mathrm{Pic}(\hat{U}_A) \to H^2(U,\underline{O}_U) \hat{\otimes}_k M .$$

[On note $\quad H^i(U,\underline{O}_U) \tilde{\otimes}_k M = H^i(U,\underline{O}_U) \otimes_R (R \tilde{\otimes}_k A_0) \otimes_{A_0} M$

et de même $\quad H^i(U,\underline{O}_U) \hat{\otimes}_k M = H^i(U,\underline{O}_U) \otimes_R (R \hat{\otimes}_k A_0) \otimes_{A_0} M$].

Démonstration. En tensorisant la suite exacte

$$0 \to M \to A' \to A \to 0$$

par la A'-algèbre plate $R \tilde{\otimes}_k A'$, on obtient la suite exacte

$$0 \to M \otimes_{A_0} (R \tilde{\otimes}_k A_0) \to R \tilde{\otimes}_k A' \to R \tilde{\otimes}_k A \to 0 ,$$

et, par restriction à l'ouvert $\tilde{U}_{A'}$, une suite exacte de $\underline{O}_{\tilde{U}_{A'}}$-modules :

$$0 \to M_{\tilde{U}_{A_0}} \to \underline{O}_{\tilde{U}_{A'}} \to \underline{O}_{\tilde{U}_A} \to 0 ,$$

avec $M_{\tilde{U}_{A_0}} = M \otimes_{A_0} \underline{O}_{\tilde{U}_{A_0}}$. Par définition M est un idéal de carré nul de A', on a donc aussi une suite exacte :

$$0 \to M_{\tilde{U}_{A_0}} \to \underline{O}^*_{\tilde{U}_{A'}} \to \underline{O}^*_{\tilde{U}_A} \to 1 ,$$
$$x \mapsto 1+x$$

d'où une suite exacte de cohomologie :

$$H^0(\tilde{U}_{A'},\underline{O}^*_{\tilde{U}_{A'}}) \to H^0(\tilde{U}_A,\underline{O}^*_{\tilde{U}_A}) \to H^1(\tilde{U}_{A_0},M_{\tilde{U}_{A_0}}) \to \mathrm{Pic}(\tilde{U}_{A'}) \to \mathrm{Pic}(\tilde{U}_A) \to H^2(\tilde{U}_{A_0},M_{\tilde{U}_{A_0}}) .$$

Soit $R' = H^0(U,\underline{O}_U)$. Par changements de base plats $R \to R \tilde{\otimes}_k A'$ et $R \to R \tilde{\otimes}_k A$, les applications canoniques

$$R'\tilde{\otimes}_k A' \rightarrow H^0(\tilde{U}_{A'},\underline{O}_{\tilde{U}_{A'}})$$

$$R'\tilde{\otimes}_k A \rightarrow H^0(\tilde{U}_A,\underline{O}_{\tilde{U}_A})$$

sont bijectives. De plus le noyau de la surjection $R'\tilde{\otimes}_k A' \rightarrow R'\tilde{\otimes}_k A$ est nilpotent, donc l'application canonique $(R'\tilde{\otimes}_k A')^* \rightarrow (R'\tilde{\otimes}_k A)^*$ est surjective. On a donc une suite exacte :

$$0 \rightarrow H^1(\tilde{U}_{A_0},M_{\tilde{U}_{A_0}}) \rightarrow \mathrm{Pic}(\tilde{U}_{A'}) \rightarrow \mathrm{Pic}(\tilde{U}_A) \rightarrow H^2(\tilde{U}_{A_0},M_{\tilde{U}_{A_0}}) .$$

Enfin, comme $M \otimes_{A_0} (R\tilde{\otimes}_k A_0)$ est un R-module plat, on a, pour tout $i \geqslant 0$, un isomorphisme canonique (4.1) :

$$H^i(\tilde{U}_{A_0},M_{\tilde{U}_{A_0}}) \simeq H^i(U,\underline{O}_U)\tilde{\otimes}_k M .$$

La démonstration de l'existence et de l'exactitude de la deuxième suite est identique ; en effet, si A' est noethérien, les R-modules $R\hat{\otimes}_k A'$, $R\hat{\otimes}_k A$ et $M\otimes_{A_0}(R\hat{\otimes}_k A_0)$ sont plats (appendice 8.1).

COROLLAIRE 4.3.- <u>Soit</u> A <u>une k-algèbre noethérienne telle que l'application canonique</u> $\mathrm{Pic}(\tilde{U}_{A_{red}}) \rightarrow \mathrm{Pic}(\hat{U}_{A_{red}})$ <u>est injective. Alors l'application canonique</u> $\mathrm{Pic}(\tilde{U}_A) \rightarrow \mathrm{Pic}(\hat{U}_A)$ <u>est injective.</u>

<u>Démonstration.</u> Soit I le nilradical de A. Puisque A est noethérien, il existe un entier $n \geqslant 0$ tel que $I^n = 0$; alors $A \rightarrow A/I^{n-1} \rightarrow A_{red}$ est une situation de déformation avec $M = I^{n-1}$. On a un diagramme commutatif de suites exactes :

$$\begin{array}{ccccccc} 0 & \rightarrow & H^1(U,\underline{O}_U)\tilde{\otimes}_k M & \rightarrow & \mathrm{Pic}(\tilde{U}_A) & \rightarrow & \mathrm{Pic}(\tilde{U}_{A/I^{n-1}}) \\ & & \downarrow & & \downarrow & & \downarrow \\ 0 & \rightarrow & H^1(U,\underline{O}_U)\hat{\otimes}_k M & \rightarrow & \mathrm{Pic}(\hat{U}_A) & \rightarrow & \mathrm{Pic}(\hat{U}_{A/I^{n-1}}) \end{array}$$

où l'application $H^1(U,\underline{O}_U)\tilde{\otimes}_k M \rightarrow H^1(U,\underline{O}_U)\hat{\otimes}_k M$ est injective (appendice 8.9). Il en résulte que si l'assertion est vraie pour A/I^{n-1}, elle est vraie pour A. D'où le résultat, par récurrence sur l'entier n.

LEMME 4.4.- Soient A_0 une k-algèbre et M un A_0-module de type fini et soit E un R-module à support dans le point fermé de $\operatorname{Spec}(R)$. Alors on a des isomorphismes canoniques : $E \otimes_k M \simeq E \,\tilde{\otimes}_k M \simeq E \,\hat{\otimes}_k M$.

Démonstration. Pour tout $n \geqslant 0$, notons $E_{(n)}$ le sous-module de E annulé par $\underline{m}^n$. On a donc $E = \varinjlim E_{(n)}$. De plus pour tout $n \geqslant 0$, les applications canoniques $E_{(n)} \otimes_k M \to E_{(n)} \tilde{\otimes}_k M \to E_{(n)} \hat{\otimes}_k M$ sont des isomorphismes. D'où le lemme, puisque limite inductive et produit tensoriel commutent.

COROLLAIRE 4.5.- Supposons que le morphisme $U \to \operatorname{Spec}(R)$ induit un isomorphisme (ou même un morphisme affine) au-dessus de l'ouvert complémentaire du point fermé de $\operatorname{Spec}(R)$. Alors pour tout $i \geqslant 1$, on a des isomorphismes canoniques :

$$H^i(U,\underline{O}_U) \otimes_k M \simeq H^i(U,\underline{O}_U) \,\tilde{\otimes}_k M \simeq H^i(U,\underline{O}_U) \,\hat{\otimes}_k M .$$

Démonstration. En effet, sous les hypothèses du corollaire, $H^i(U,\underline{O}_U)$ est un R-module à support dans le point fermé de $\operatorname{Spec}(R)$ pour tout $i \geqslant 1$.

PROPOSITION 4.6.- Soient $A' \to A \to A_0$ une situation de déformation et $M = \operatorname{Ker}(A' \to A)$. Supposons vérifiée l'une des hypothèses suivantes :

(i) le morphisme $U \to \operatorname{Spec}(R)$ induit un isomorphisme au-dessus de l'ouvert complémentaire du point fermé de $\operatorname{Spec}(R)$

(ii) l'anneau R est hensélien et A' est une k-algèbre finie.

Alors on a une suite exacte :

$$0 \to H^1(U,\underline{O}_U) \otimes_k M \to P(A') \to P(A) \to H^2(U,\underline{O}_U) \otimes_k M .$$

Démonstration. On notera $N^i = H^i(U,\underline{O}_U) \otimes_k M$ pour $i = 1,2$. Soient B' une A'-algèbre étale, $B = B' \otimes_{A'} A$ et $B_0 = B' \otimes_{A'} A_0$. En tensorisant la situation de déformation $A' \to A \to A_0$ par B', on obtient une situation de déformation $B' \to B \to B_0$, avec $\operatorname{Ker}(B' \to B) = M \otimes_{A_0} B_0$. De plus, sous l'une des hypothèses (i) ou (ii), on a pour $i \geqslant 1$:

$$H^i(U,\underline{O}_U) \,\tilde{\otimes}_k (M \otimes_{A_0} B_0) = H^i(U,\underline{O}_U) \otimes_k M \otimes_{A_0} B_0 .$$

On a donc une suite exacte (4.2) :

$$(*) \qquad 0 \to N^1 \otimes_{A_0} B_0 \to \mathrm{Pic}(\tilde{U}_{B'}) \to \mathrm{Pic}(\tilde{U}_B) \to N^2 \otimes_{A_0} B_0 .$$

On considérera des faisceaux pour la topologie étale sur la catégorie des A'-algèbres étales. Remarquons que le changement de base définit des équivalences entre les catégories des algèbres étales sur A', A et A_0 (EGA IV, 18.1.2). Soit $\underline{N}^i$ le foncteur $B' \mapsto N^i \otimes_{A_0} B_0$. Il est bien connu que $\underline{N}^i$ est un faisceau ; en effet pour toute B'-algèbre fidèlement plate C', la suite d'homomorphismes canoniques :

$$0 \to N^i \otimes_{A_0} B_0 \to (N^i \otimes_{A_0} B_0) \otimes_{B'} C' \rightrightarrows (N^i \otimes_{A_0} B_0) \otimes_{B'} C' \otimes_{B'} C'$$

est exacte ([25], B, lemme 1.1). En particulier $H^0(A',\underline{N}^i) = N^i$. Soient par ailleurs $\underline{P}$ [resp. $\underline{P}'$] le faisceau associé à $B' \to \mathrm{Pic}(\tilde{U}_B)$ [resp. $B' \to \mathrm{Pic}(\tilde{U}_{B'})$]. Par définition, on a $H^0(A',\underline{P}) = P(A)$ et $H^0(A',\underline{P}') = P(A')$.

La suite exacte (*), pour B' variable, montre qu'on a une suite exacte de faisceaux :

$$0 \to \underline{N}^1 \to \underline{P}' \to \underline{P} \to \underline{N}^2 .$$

Soit $\underline{F} = \mathrm{Coker}(\underline{N}^1 \to \underline{P}')$. Des suites exactes :

$$0 \to \underline{N}^1 \to \underline{P}' \to \underline{F} \to 0 ,$$
$$0 \to \underline{F} \to \underline{P} \to \underline{N}^2 ,$$

on déduit des suites exactes de cohomologie :

$$0 \to N^1 \to P(A') \to H^0(A',\underline{F}) \to H^1(A',\underline{N}^1)$$
$$0 \to H^0(A',\underline{F}) \to P(A) \to N^2 .$$

Mais $H^1(A,\underline{N}^1) = 0$, car $\underline{N}^1$ est un faisceau quasi-cohérent sur le schéma affine $\mathrm{Spec}(A')$; d'où le résultat.

Dans les corollaires suivants, on suppose que l'une des hypothèses (i) ou (ii) de 4.6 est vérifiée.

COROLLAIRE 4.7.- <u>Soient</u> $A' \to A \to A_0$ <u>une situation de déformation et</u> $B \to A$ <u>un homomorphisme de</u> k-<u>algèbres tel que l'homomorphisme composé</u> $B \to A_0$ <u>soit une</u>

extension infinitésimale. Alors l'application canonique

$$P(A' \times_A B) \to P(A') \times_{P(A)} P(B)$$

est bijective.

Démonstration. Soient $B' = A' \times_A B$ et $M = \mathrm{Ker}(A' \to A)$. Alors $B' \to B \to A_o$ est une situation de déformation et on a un diagramme commutatif à lignes exactes :

$$\begin{array}{ccccccccc} 0 & \to & M & \to & B' & \to & B & \to & 0 \\ & & \| & & \downarrow & & \downarrow & & \\ 0 & \to & M & \to & A' & \to & A & \to & 0 . \end{array}$$

D'après 4.6, on en déduit un diagramme commutatif à lignes exactes :

$$\begin{array}{ccccccccc} 0 & \to & H^1(U,\underline{O}_U) \otimes_k M & \to & P(B') & \to & P(B) & \to & H^2(U,\underline{O}_U) \otimes_k M \\ & & \| & & \downarrow & & \downarrow & & \| \\ 0 & \to & H^1(U,\underline{O}_U) \otimes_k M & \to & P(A') & \to & P(A) & \to & H^2(U,\underline{O}_U) \otimes_k M . \end{array}$$

L'assertion en résulte immédiatement.

COROLLAIRE 4.8.- *Soit* $A' \to A \to A_o$ *une situation de déformation. Alors l'application canonique :*

$$\mathrm{Pic}(\tilde{U}_{A'}) \to P(A') \times_{P(A)} \mathrm{Pic}(\tilde{U}_A)$$

est bijective.

Démonstration. Cela résulte du diagramme commutatif à lignes exactes (4.2 et 4.6) :

$$\begin{array}{ccccccccc} 0 & \to & H^1(U,\underline{O}_U) \otimes_k M & \to & \mathrm{Pic}(\tilde{U}_{A'}) & \to & \mathrm{Pic}(\tilde{U}_A) & \to & H^2(U,\underline{O}_U) \otimes_k M \\ & & \| & & \downarrow & & \downarrow & & \| \\ 0 & \to & H^1(U,\underline{O}_U) \otimes_k M & \to & P(A') & \to & P(A) & \to & H^2(U,\underline{O}_U) \otimes_k M . \end{array}$$

COROLLAIRE 4.9.- *Soient* $\bar{A}$ *une k-algèbre locale noethérienne complète d'idéal maximal* I *et* $\{\xi_n\} \in \varprojlim P(\bar{A}/I^{n+1})$. *Alors, si* $\xi_o \in \mathrm{Pic}(\tilde{U}_{\bar{A}/I})$ *[en particulier si* $\xi_o = 0$*], on a* $\xi_n \in \mathrm{Pic}(\tilde{U}_{\bar{A}/I^{n+1}})$*, pour tout* $n \geqslant 0$.

Remarque 4.10.- Supposons que le morphisme $U \to \mathrm{Spec}(R)$ induit un isomorphisme au-dessus de l'ouvert complémentaire du point fermé de $\mathrm{Spec}(R)$. Alors, si A_o est une k-algèbre noethérienne réduite et M un A_o-module de type fini, $D(A_o,M) = \mathrm{Ker}\{P(A_o+M) \to P(A_o)\}$ s'identifie d'après 4.6 à $H^1(U,\underline{O}_U) \otimes_k M$. Pour être tout à fait honnête, il faudrait vérifier que la suite exacte 4.6 est fonctorielle en la situation de déformation $A' \to A \to A_o$. Il en résulterait que la structure canonique de A_o-module sur $D(A_o,M)$ déduite des isomorphismes 4.7 coïncide avec la structure de A_o-module sur $H^1(U,\underline{O}_U) \otimes_k M$ déduite de la structure de A_o-module de M.

Il est clair que si $\varphi : A_o \to B_o$ est un homomorphisme de A_o dans une k-algèbre noethérienne réduite B_o, on a

$$D(A_o,M) \otimes_{A_o} B_o = D(B_o, M \otimes_{A_o} B_o) .$$

Ainsi les conditions (4) et (5) du théorème I 1.1 sont vérifiées. Si de plus on a $\dim_k H^1(U,\underline{O}_U) < \infty$, alors $D(A_o,M)$ est un A_o-module de type fini.

5. Conditions de séparation.

On suppose désormais que U est l'ouvert complémentaire du point fermé dans $\mathrm{Spec}(R)$. Dans ce paragraphe, on montre que, si k est algébriquement clos et $\mathrm{prof}(R) \geqslant 2$, le foncteur P vérifie les conditions (3') du théorème I 1.3 .

LEMME 5.1.- Soient B un anneau noethérien, I un idéal de B et $V = \mathrm{Spec}(B) - V(I)$. Supposons $\mathrm{prof}_I(B) \geqslant 2$. Alors pour tout faisceau localement libre L sur V , le B-module $\Gamma(V,L)$ est de type fini.

Démonstration. Soient $L^\vee = \underline{\mathrm{Hom}}(L,\underline{O}_V)$ le dual de L et N un B-module de type fini qui prolonge $L^\vee$. On peut présenter N comme quotient d'un B-module libre de type fini, donc $L^\vee$ est quotient d'un $\underline{O}_V$-module libre de type fini L_1 . Par dualité, L est un sous-module du $\underline{O}_V$-module libre de type fini $L_1^\vee$, donc $\Gamma(V,L)$ est un sous-module de $\Gamma(V,L_1^\vee)$. Or on a $\Gamma(V,\underline{O}_V) = B$ car $\mathrm{prof}_I(B) \geqslant 2$, donc $\Gamma(V,L_1^\vee)$ est un B-module libre de type fini ; d'où l'assertion puisque B est noethérien.

PROPOSITION 5.2.- Supposons k-algébriquement clos et $\mathrm{prof}(R) \geqslant 2$. Soit A_o un k-anneau de valuation discrète essentiellement de type fini de corps des fractions K_o . Alors l'application canonique $P(A_o) \to P(K_o)$ est injective.

Démonstration. Soit A un hensélisé strict de A_o , c'est un anneau de valuation discrète, soit K son corps des fractions. Comme P est localement de présentation finie et séparé pour la topologie étale, l'application canonique $P(A_o) \to P(A)$ est injective. Pour montrer que l'application canonique $P(A_o) \to P(K_o)$ est injective, il suffit donc de montrer que l'application canonique $P(A) \to P(K)$ est injective.

Puisque A est strictement hensélien, on a $P(A) = \mathrm{Pic}(\tilde{U}_A)$. Notons $B = R \tilde{\otimes}_k A$, $V = \tilde{U}_A$, η le point générique de la fibre fermée de $\mathrm{Spec}(B) \to \mathrm{Spec}(R)$ et V_η l'ouvert complémentaire du point fermé dans $\mathrm{Spec}(B_\eta)$. L'anneau $R \tilde{\otimes}_k K$ est l'hensélisé de B_η , en particulier $R \tilde{\otimes}_k K$ est fidèlement plat sur B_η , donc l'application canonique $\mathrm{Pic}(V_\eta) \to \mathrm{Pic}(\tilde{U}_K)$ est injective (2.3) ; de plus l'application canonique $\mathrm{Pic}(\tilde{U}_K) \to P(K)$ est injective (2.1). Pour montrer que l'application canonique $P(A) \to P(K)$ est injective, il suffit donc de montrer que l'application canonique $\mathrm{Pic}(V) \to \mathrm{Pic}(V_\eta)$ est injective.

Par construction B est un anneau local noethérien (appendice 8.6) plat sur R, $B \otimes_R k = A$ est régulier et k est algébriquement clos, donc B est une R-algèbre formellement lisse (EGA 0_{IV}, 19.6.4 et 19.7.1) ; de plus on a $\mathrm{prof}(R) \geqslant 2$ et $\dim(B) = \dim(R) + 1$. D'après une variante du théorème de Ramanujam-Samuel (appendice 9.1), B est donc parafactoriel.

Soient j l'immersion ouverte $V \hookrightarrow \mathrm{Spec}(B)$ et L un faisceau inversible sur V. D'après 5.1, le faisceau j_*L est cohérent ; dire que l'image de L dans $\mathrm{Pic}(V_\eta)$ est nulle, c'est dire que j_*L est inversible au point η, donc sur l'ouvert complémentaire du point fermé dans $\mathrm{Spec}(B)$. Puisque B est parafactoriel, c'est aussi dire que j_*L est trivial, a fortiori L est trivial.

PROPOSITION 5.3.- <u>Supposons</u> $\mathrm{prof}(R) \geqslant 2$. <u>Soient</u> A <u>une</u> k-<u>algèbre intègre de type fini de corps des fractions</u> K <u>et</u> $\xi \in P(A)$. <u>Supposons qu'il existe un ensemble dense</u> Σ <u>de points fermés</u> s <u>de</u> $\mathrm{Spec}(A)$ <u>tels que l'image de</u> ξ <u>dans</u> $P(k(s))$ <u>soit nulle. Alors l'image de</u> ξ <u>dans</u> $P(K)$ <u>est nulle.</u>

<u>Démonstration.</u> Soit A' une A-algèbre étale fidèlement plate telle que ξ soit représenté par un faisceau inversible L sur $\tilde{U}_{A'}$. Alors $K \otimes_A A'$ est un produit de corps K'_i extensions finies de K et il suffit de montrer que l'image de L dans $\mathrm{Pic}(\tilde{U}_{K'_i})$ est triviale. Soit $\underline{p}'_i$ l'idéal premier minimal de A' correspondant à K'_i et soit $A'_i = A'/\underline{p}'_i$. L'image dans $\mathrm{Spec}(A)$ de tout ouvert non vide de $\mathrm{Spec}(A'_i)$ contient un ouvert non vide de $\mathrm{Spec}(A)$, par suite l'ensemble des points (nécessairement fermés) de $\mathrm{Spec}(A'_i)$ dont l'image dans $\mathrm{Spec}(A)$ appartient à Σ est dense. Quitte à remplacer A par A'_i, on est ainsi ramené à démontrer la proposition dans le cas où ξ est représenté par un faisceau inversible L sur $\tilde{U}_A$.

Notons $B = R \tilde{\otimes}_k A$, $V = \tilde{U}_A$ et, pour tout point fermé s de $\mathrm{Spec}(A)$ de corps résiduel $k(s)$, notons $\bar{B}_s = R \tilde{\otimes}_k k(s)$, $\bar{V}_s = \tilde{U}_{k(s)}$ et $\bar{L}_s$ l'image réciproque de

L sur $\tilde{U}_{k(s)}$. Soit $L^* = \underline{Hom}(L,\underline{O}_V)$ le dual de L . Il existe un B-module de présentation finie qui prolonge L^* (EGA I, 6.9), il existe donc une présentation de L^* de la forme :

$$\underline{O}_V^q \xrightarrow{\varphi^*} \underline{O}_V^p \longrightarrow L^* \longrightarrow 0 .$$

Comme L^* est localement libre, cette suite exacte est localement scindée et il en est de même de la suite exacte duale :

$$0 \longrightarrow L \longrightarrow \underline{O}_V^p \xrightarrow{\varphi} \underline{O}_V^q ,$$

de sorte que, pour tout point fermé s de $\mathrm{Spec}(A)$, on a une suite exacte :

$$0 \longrightarrow \bar{L}_s \longrightarrow \underline{O}^p_{\bar{V}_s} \xrightarrow{\varphi\otimes 1} \underline{O}^q_{\bar{V}_s} .$$

Par hypothèse on a $\mathrm{prof}(R) \geqslant 2$, d'où par changement de base plat $\Gamma(V,\underline{O}_V) = B$ et $\Gamma(\bar{V}_s,\underline{O}_{\bar{V}_s}) = \bar{B}_s$. Par passage aux sections globales, on déduit des suites exactes précédentes les suites exactes :

$$0 \longrightarrow \Gamma(V,L) \longrightarrow B^p \xrightarrow{\Gamma(\varphi)} B^q ,$$

$$0 \longrightarrow \Gamma(\bar{V}_s,\bar{L}_s) \longrightarrow \bar{B}_s^p \xrightarrow{\Gamma(\varphi)\otimes 1} \bar{B}_s^q .$$

Quitte à remplacer $\mathrm{Spec}(A)$ par un ouvert non vide, on peut supposer $\mathrm{Coker}\,\Gamma(\varphi)$ normalement plat le long de $V(\underline{m}B)$ (EGA IV, 6.10.2) ; alors $\mathrm{Coker}\,\Gamma(\varphi)$ est plat sur A (appendice 8.2) et les suites exactes ci-dessus montrent que, pour tout point fermé s de $\mathrm{Spec}(A)$, on a $\Gamma(\bar{V}_s,\bar{L}_s) = \Gamma(V,L)\otimes_A k(s)$.

Soit s un point de Σ ; notons A_s le localisé de A en s , $B_s = R\tilde{\otimes}_k A_s$, $V_s = \tilde{U}_{A_s}$ et L_s l'image réciproque de L sur $\tilde{U}_{A_s}$. Il suffit évidemment de montrer que L_s est trivial. Soient $M_s = \Gamma(V_s,L_s)$ et $\bar{M}_s = M\otimes_A k(s)$; d'après ce qui précède on a $\bar{M}_s = \Gamma(\bar{V}_s,\bar{L}_s)$. Par hypothèse $\bar{L}_s$ est trivial, de plus $\mathrm{prof}(\bar{B}_s) \geqslant 2$, donc $\bar{M}_s$ est un $\bar{B}_s$-module libre de rang 1. Soit $\sigma \in M_s$ une section engendrant $\bar{M}_s$; par le lemme de Nakayama, σ engendre M_s , a fortiori σ engendre L_s en tout point de V_s , donc L_s est trivial.

6. Injectivité du passage aux limites adiques : représentabilité de la section unité de $\underline{\text{Picloc}}_{R/k}$.

PROPOSITION 6.1.- *Soient* B *un anneau noethérien et* J *un idéal de* B . *Supposons que* B *est complet pour la topologie* J-*adique et que* $X = \mathrm{Spec}(B)$ *est normalement plat le long de* $X_0 = V(J)$. *Soient* Y *une partie fermée de* X , $V = X-Y$, $V_0 = V \times_X X_0$ *et* $\hat{V}$ *le complété formel de* V *le long de* V_0 . *Supposons que les deux conditions suivantes sont vérifiées :*

(i) *pour tout* $x \in Y \cap X_0$, *on a* $\mathrm{prof}(\underline{O}_{X_0,x}) \geqslant 2$,

(ii) *pour tout* $x \in Y$, *on a* $\mathrm{prof}(\underline{O}_{X,x}) \geqslant 2$.

Soient F *un Module cohérent localement libre sur* V *et* $\hat{F}$ *son complété formel le long de* V_0 . *Alors les applications canoniques :*

$$\Gamma(V,F) \xrightarrow{\alpha} \Gamma(\hat{V},\hat{F}) \xrightarrow{\beta} \varprojlim \Gamma(V,F/J^nF)$$

sont bijectives.

Démonstration. L'application β est bijective, d'après EGA 0_{III}, 13.3.1 ; en effet, si W est un ouvert affine de V_0 , on a $H^i(W,F/J^nF) = 0$ pour tout n et tout $i > 0$ et les applications $\Gamma(W,F/J^kF) \to \Gamma(W,F/J^hF)$ sont surjectives pour tout $h \leqslant k$.

Montrons maintenant que α est bijectif. Soit $F^* = \underline{\mathrm{Hom}}(F,\underline{O}_V)$ le dual de F . Il existe un B-module de présentation finie qui prolonge F^* (EGA I, 6.9) il existe donc une présentation de F^* de la forme :

$$\underline{O}_V^q \to \underline{O}_V^p \to F^* \to 0 .$$

Par dualité, on en déduit une suite exacte :

$$0 \to F \to \underline{O}_V^p \to \underline{O}_V^q .$$

Puisque le foncteur - complétion formelle le long de V_0 - est exact sur la catégorie des $\underline{O}_V$-Modules cohérents (EGA I, 10.8.8), on a aussi une suite exacte :

$$0 \to \hat{F} \to \underline{O}_{\hat{V}}^p \to \underline{O}_{\hat{V}}^q .$$

Par passage aux sections globales, on obtient un diagramme commutatif à lignes exactes :

$$\begin{array}{ccccc} 0 \to \Gamma(V,F) & \to & \Gamma(V,\underline{O}_V)^p & \to & \Gamma(V,\underline{O}_V)^q \\ \downarrow & & \downarrow & & \downarrow \\ 0 \to \Gamma(\hat{V},\hat{F}) & \to & \Gamma(\hat{V},\underline{O}_{\hat{V}})^p & \to & \Gamma(\hat{V},\underline{O}_{\hat{V}})^q . \end{array}$$

Il suffit donc de démontrer que α est bijectif dans le cas où $F = \underline{O}_V$.

Pour tout entier $n \geqslant 0$, soient $X_n = V(J^{n+1})$ et $V_n = V \times_X X_n$. Puisque X est normalement plat le long de X_o , on a, d'après (i) et EGA IV, 6.10.3, $\mathrm{prof}(\underline{O}_{X_n,x}) \geqslant 2$ pour tout $x \in Y \cap X_o$; par conséquent l'application canonique $\Gamma(X_n,\underline{O}_{X_n}) \to \Gamma(V_n,\underline{O}_{V_n})$ est bijective. Considérons le diagramme commutatif :

$$\begin{array}{ccc} \Gamma(X,\underline{O}_X) & \xrightarrow{\quad\gamma\quad} & \varprojlim \Gamma(X_n,\underline{O}_{X_n}) \\ \downarrow & & \downarrow \\ \Gamma(V,\underline{O}_V) \xrightarrow[\alpha]{} & \Gamma(\hat{V},\underline{O}_{\hat{V}}) & \xrightarrow[\beta]{} \varprojlim \Gamma(V_n,\underline{O}_{V_n}) . \end{array}$$

D'après l'hypothèse (ii) et les remarques précédentes, les flèches verticales sont des isomorphismes. L'application γ est un isomorphisme, car B est complet pour la topologie J-adique. On sait que β est un isomorphisme, donc α est un isomorphisme.

COROLLAIRE 6.2.- <u>Supposons</u> $\mathrm{prof}(R) \geqslant 2$. <u>Soit</u> $\bar{A}$ <u>une</u> k-<u>algèbre locale noethérienne complète d'idéal maximal</u> I . <u>Alors l'application canonique</u> $\mathrm{Pic}(\hat{U}_{\bar{A}}) \to \varprojlim \mathrm{Pic}(\hat{U}_{\bar{A}/I^n})$ <u>est injective.</u>

<u>Démonstration.</u> On notera $B = R \hat{\otimes}_k \bar{A}$, $J = IB$, $V = \hat{U}_{\bar{A}}$ et $\varkappa$ le corps résiduel de B . Alors B est un anneau local noethérien complet ; de plus B est plat sur $\bar{A}$ (appendice 8.1), donc $\mathrm{gr}_J(B) = \mathrm{gr}_I(\bar{A}) \otimes_\varkappa (B/J)$, en particulier $X = \mathrm{Spec}(B)$ est normalement plat le long de $X_o = V(J)$. On a $X_o = \mathrm{Spec}(R \hat{\otimes}_k \varkappa)$ et $R \hat{\otimes}_k \varkappa$ est fidèlement plat sur R , donc $\mathrm{prof}(R \hat{\otimes}_k \varkappa) \geqslant 2$. De même, pour $x \in Y = V(\underline{m}B)$, l'anneau local $\underline{O}_{X,x}$ est fidèlement plat sur R , donc $\mathrm{prof}(\underline{O}_{X,x}) \geqslant 2$. Bref, on se trouve dans les conditions d'application de la proposition 6.1 .

Soit L un faisceau inversible sur $V = \hat{U}_{\bar{A}}$ dont l'image dans $\varprojlim \mathrm{Pic}(\hat{U}_{\bar{A}/I^n})$ est nulle. Pour tout $n \geqslant 0$, l'anneau local $R \hat{\otimes}_k \bar{A}/I^n = B/J^nB$ est de profondeur $\geqslant 2$, donc $\Gamma(\hat{U}_A , L/J^nL) \simeq B/J^nB$. D'où à la limite, $\Gamma(\hat{U}_A , L) \simeq \varprojlim B/J^nB = B$; donc L

est trivial.

COROLLAIRE 6.3.- *Supposons* $\mathrm{prof}(R) \geqslant 2$. *Soit* A *une k-algèbre locale essentiellement de type fini d'idéal maximal* I . *Alors l'application canonique* $P(A) \to \varprojlim P(A/I^n)$ *est injective.*

Démonstration. Soient A^{hs} un hensélisé strict de A et A' le complété de A^{hs} . Puisque P est localement de présentation finie et est un faisceau pour la topologie étale, l'application canonique $P(A) \to P(A^{hs}) = \mathrm{Pic}(\tilde{U}_{A^{hs}})$ est injective. D'autre part, comme $R \tilde{\otimes}_k A^{hs}$ est noethérien (appendice 8.6), $R \hat{\otimes}_k A'$ est fidèlement plat sur $R \tilde{\otimes}_k A^{hs}$, donc (2.3) l'application $\mathrm{Pic}(\tilde{U}_{A^{hs}}) \to \mathrm{Pic}(\hat{U}_{A'})$ est injective. L'assertion résulte donc de l'injectivité de l'application canonique $\mathrm{Pic}(\hat{U}_{A'}) \to \varprojlim \mathrm{Pic}(\hat{U}_{A'/I^nA'})$.

COROLLAIRE 6.4.- *Supposons* $\mathrm{prof}(R) \geqslant 2$. *Soit* A *une k-algèbre locale noethérienne réduite et soient* I *l'idéal maximal de* A *et* K *son anneau total de fractions. Soit* ξ *un élément de* $P(A)$ *dont l'image dans* $\varprojlim P(A/I^n)$ *est nulle, alors l'image de* ξ *dans* $P(K)$ *est nulle.*

Démonstration. Quitte à remplacer A par A^{hs} , on se ramène au cas où A est strictement hensélien, donc $P(A) = \mathrm{Pic}(\tilde{U}_A)$. Soient A' le complété de A et $K' = A' \otimes_A K$. Si $\xi \in \mathrm{Pic}(\tilde{U}_A)$ a une image nulle dans $\varprojlim \mathrm{Pic}(\tilde{U}_{A/I^n})$, il a une image nulle dans $\mathrm{Pic}(\hat{U}_{A'})$ d'après 6.2, a fortiori dans $\mathrm{Pic}(\hat{U}_{K'})$. Mais $R \tilde{\otimes}_k K$ est noethérien (appendice 8.6), donc $R \hat{\otimes}_k K'$ est fidèlement plat sur $R \tilde{\otimes}_k K$ et l'application canonique $\mathrm{Pic}(\tilde{U}_K) \to \mathrm{Pic}(\hat{U}_{K'})$ est injective (2.3) ; donc ξ a une image nulle dans $\mathrm{Pic}(\tilde{U}_K)$, a fortiori dans $P(K)$.

COROLLAIRE 6.5.- *Supposons* $\mathrm{prof}(R) \geqslant 2$. *Soient* A' *une k-algèbre locale noethérienne d'idéal maximal* I *et* $A' \to A \to A_0$ *une situation de déformation avec* $M = \mathrm{Ker}\{A' \to A\}$. *Alors* $D(A_0,M)$ *opère librement sur*

$$\mathrm{Ker}\{\varprojlim P(A'/I^n) \to \varprojlim P(A/I^nA)\} .$$

Démonstration. Quitte à remplacer A' par A'^{hs}, on peut supposer que A' est strictement hensélien. On a alors $P(A'/I^n) = \mathrm{Pic}(\tilde{U}_{A'/I^n})$ et $P(A/I^nA) = \mathrm{Pic}(\tilde{U}_{A/I^nA})$ et il suffit de montrer que $D(A_0,M) = H^1(U,\underline{O}_U) \otimes_k M$ (4.6) opère librement sur $\mathrm{Ker}\{\varprojlim \mathrm{Pic}(\hat{U}_{A'/I^n}) \to \varprojlim \mathrm{Pic}(\hat{U}_{A/I^nA})\}$. Cela résulte du diagramme commutatif

$$\begin{array}{ccccc} 0 \to H^1(U,\underline{O}_U) \otimes_k M \to & \mathrm{Pic}(\hat{U}_{A'}) & \to & \mathrm{Pic}(\hat{U}_A) \\ & \downarrow & & \downarrow \\ & \varprojlim \mathrm{Pic}(\hat{U}_{A'/I^n}) & \to & \varprojlim \mathrm{Pic}(\hat{U}_{A/I^nA}) \end{array},$$

où la première ligne est exacte (4.2 et 4.5) et où les homomorphismes verticaux sont injectifs (6.2).

Nous sommes maintenant en mesure de démontrer :

THÉORÈME 6.6.- Supposons $\mathrm{prof}(R) \geqslant 2$. Alors la section unité de $\underline{\mathrm{Picloc}}_{R/k}$ est représentable par une immersion fermée de présentation finie.

Démonstration. Soit $\bar{k}$ une clôture algébrique de k. Puisque $P = \underline{\mathrm{Picloc}}_{R/k}$ est un faisceau pour la topologie fppf (3.3) et est localement de présentation finie (1.3), il suffit de démontrer que la section unité de $P \otimes_k \bar{k}$ est représentable par une immersion fermée (I 1.2.c). Quitte à remplacer R par $R \tilde{\otimes}_k \bar{k}$ [$R \tilde{\otimes}_k \bar{k}$ est noethérien (appendice 8.6) et $\mathrm{prof}(R \tilde{\otimes}_k \bar{k}) \geqslant 2$], on peut donc supposer que le corps k est algébriquement clos et appliquer le théorème I 1.3.

On vient de vérifier (6.3 et 6.4) que les conditions d'injectivité dans le passage aux limites adiques (2')(a) et (b) sont satisfaites et (6.5) qu'il en est de même de la condition (4')(b). Les conditions (3') ont été vérifiées au §5 et les conditions (4')(a) et (5') sur la théorie de déformation au §4.

Remarques 6.7.- (a) Si R est essentiellement de type fini sur k, on peut démontrer le théorème 6.6 en utilisant I 1.1 directement sans avoir recours à la variante I 1.3. En effet dans ce cas, si $\bar{A}$ est une k-algèbre locale noethérienne complète d'idéal maximal I, l'anneau $R \tilde{\otimes}_k \bar{A}$ est noethérien, ce qui permet de déduire de 6.2 que l'application $P(\bar{A}) \to \varprojlim P(\bar{A}/I^n)$ est injective.

(b) On vérifie facilement que la condition $\operatorname{prof}(R) \geqslant 2$ dans l'énoncé du théorème 6.6 peut être remplacée par la condition plus faible $\dim_k H^1_{\underline{m}}(R) < \infty$. Il suffit pour cela d'introduire l'anneau $R' = \Gamma(U, \underline{O}_U)$ qui sous cette hypothèse est fini sur R. Si $\hat{R}$ est le complété de R pour la topologie $\underline{m}$-adique, on sait (SGA 2, VIII II.3) qu'il revient au même de supposer que $\dim_k H^1_{\underline{m}}(R) < \infty$ ou que les points fermés de l'ouvert complémentaire du point fermé dans $\operatorname{Spec}(\hat{R})$ sont de profondeur $\geqslant 1$.

COROLLAIRE 6.8.- _Supposons_ $\operatorname{prof}(R) \geqslant 2$. _Soient_ A _une_ k-_algèbre noethérienne et_ A' _l'anneau total des fractions de_ A. _Alors la suite d'homomorphismes canoniques_ :

$$0 \to \operatorname{Pic}(A) \to \operatorname{Pic}(\tilde{U}_A) \to \operatorname{Pic}(\tilde{U}_{A'})$$

est exacte.

Démonstration. L'application canonique $P(A) \to P(A')$ est injective. En effet soit $\xi \in P(A)$, d'après 6.6 le sous-foncteur de $\operatorname{Spec}(A)$ qui annule ξ est représenté par un quotient A'' de A ; si l'image de ξ dans $P(A')$ est nulle, l'injection canonique $A \to A'$ se factorise à travers A'', donc $A = A''$ et $\xi = 0$.

L'assertion résulte alors du diagramme commutatif de suites exactes (2.1 et 2.7):

$$\begin{array}{ccccccc} 0 \to & \operatorname{Pic}(A) & \to & \operatorname{Pic}(\tilde{U}_A) & \to & P(A) \\ & \downarrow & & \downarrow & & \downarrow \\ 0 \to & \operatorname{Pic}(A') & \to & \operatorname{Pic}(\tilde{U}_{A'}) & \to & P(A') \end{array},$$

en effet $\operatorname{Pic}(A') = 0$, car A' est un anneau semi-local.

COROLLAIRE 6.9.- _Supposons_ $\operatorname{prof}(R) \geqslant 2$. _Alors, pour toute_ k-_algèbre noethérienne_ A, _l'application canonique_ $\operatorname{Pic}(\tilde{U}_A) \to \operatorname{Pic}(\hat{U}_A)$ _est injective._

Démonstration. D'après 4.3 on peut supposer que A est réduit. Soit A' son anneau total de fractions, A' est un produit fini de corps, par conséquent $R \tilde{\otimes}_k A'$ est noethérien (appendice 8.6) ; ainsi $R \hat{\otimes}_k A'$ est fidèlement plat sur $R \tilde{\otimes}_k A'$ et l'application canonique $\operatorname{Pic}(\tilde{U}_{A'}) \to \operatorname{Pic}(\hat{U}_{A'})$ est injective (2.3). Le diagramme commutatif

$$\begin{array}{ccccccc} 0 \to \mathrm{Pic}(A) & \to & \mathrm{Pic}(\tilde{U}_A) & \to & \mathrm{Pic}(\tilde{U}_{A'}) \\ & & \downarrow & & \downarrow \\ & & \mathrm{Pic}(\hat{U}_A) & \to & \mathrm{Pic}(\hat{U}_{A'}) \end{array}$$

montre donc, puisque sa première ligne est exacte (6.8), que $\mathrm{Ker}\{\mathrm{Pic}(\tilde{U}_A) \to \mathrm{Pic}(\hat{U}_A)\}$ est inclus dans $\mathrm{Pic}(A)$. Mais l'application canonique $\mathrm{Pic}(A) \to \mathrm{Pic}(\hat{U}_A)$ est injective (2.5 et 2.7), d'où l'assertion.

7. Effectivité des déformations formelles : représentabilité de $\mathrm{Picloc}_{R/k}$.

On s'est préoccupé jusqu'à maintenant de l'injectivité de l'application $\mathrm{Pic}(\tilde{U}_A) \to \mathrm{Pic}(\hat{U}_A)$; cependant la surjectivité de cette application sera essentielle dans ce qui suit, elle résulte des travaux de R. Elkik.

THÉORÈME 7.1.- *Pour toute k-algèbre noethérienne A , l'application canonique* $\mathrm{Pic}(\tilde{U}_A) \to \mathrm{Pic}(\hat{U}_A)$ *est surjective.*

Démonstration. Il suffit d'appliquer le théorème 3 (complété par la remarque 2 suivant le théorème 7) de la thèse de R. Elkik [21]. En effet le couple $(R \tilde{\otimes}_k A\ ,\ \underline{m}R \tilde{\otimes}_k A)$ est hensélien, $R \tilde{\otimes}_k A$ est plat sur l'anneau noethérien R , et le complété de $R \tilde{\otimes}_k A$ pour la topologie $\underline{m}$-adique est noethérien (appendice 8.1).

Compte-tenu de 6.9, on a donc

COROLLAIRE 7.2.- *Supposons* $\mathrm{prof}(R) \geqslant 2$. *Alors pour toute k-algèbre noethérienne A , l'application canonique* $\mathrm{Pic}(\tilde{U}_A) \to \mathrm{Pic}(\hat{U}_A)$ *est bijective.*

COROLLAIRE 7.3.- *Supposons* $\mathrm{prof}(R) \geqslant 2$. *Alors le foncteur* $\mathrm{Picloc}_{R/k}$ *ne change pas quand on remplace R par son complété.*

PROPOSITION 7.4.- *Soient B un anneau noethérien et J un idéal de B . Supposons B complet pour la topologie J-adique, B/J quotient d'un anneau régulier, et* $X = \mathrm{Spec}(B)$ *normalement plat le long de* $X_o = V(J)$. *Soient V un ouvert de X ,* $V_o = V \times_X X_o$, *et* $\hat{V}$ *le complété formel de V le long de* V_o . *Supposons* $\mathrm{prof}(\underline{O}_{X_o,x}) \geqslant 2$ *pour tout* $x \in V_o$ *tel que :*

$$\mathrm{codim}(\{\bar{x}\} \cap (X_o - V_o), \{\bar{x}\}) = 1 .$$

Alors, pour tout Module cohérent localement libre $\underline{F}$ *sur* $\hat{V}$, *il existe un Module cohérent F sur V et un isomorphisme* $\hat{F} \simeq \underline{F}$.

Démonstration. Soient $\hat{X}$ le complété formel de X le long de X_o et $j : V \hookrightarrow X$, $j_o : V_o \hookrightarrow X_o$, $\hat{j} : \hat{V} \hookrightarrow \hat{X}$ les immersions ouvertes canoniques. Il suffit de montrer que $\hat{j}_*\underline{F}$ est un $\underline{O}_{\hat{X}}$-Module cohérent. En effet, B étant complet pour la topologie J-adique, on aura alors $\hat{j}_*\underline{F} = \tilde{M}$, où M est un B-module de type fini, et $\tilde{M}_{|V}$ répondra à la question.

Posons :

$$S = \coprod_{k\geq 0} J^k/J^{k+1}$$

$$K^p = \coprod_{k\geq 0} H^p(V_0, J^k\underline{F}/J^{k+1}\underline{F}) .$$

D'après SGA 2, IX 2.1, pour que $\hat{j}_*\underline{F}$ soit cohérent, il suffit que K^0 et K^1 soient de type fini en tant que S-modules gradués.

Soient $X'_0 = \mathrm{Spec}(S)$ et $f_0 : X'_0 \to X_0$ le morphisme correspondant à l'inclusion $B/J \hookrightarrow S$. Considérons le carré cartésien :

$$\begin{array}{ccc} X'_0 & \xleftarrow{j'_0} & V'_0 \\ {\scriptstyle f_0}\downarrow & & \downarrow{\scriptstyle g_0} \\ X_0 & \xleftarrow[j_0]{} & V_0 \end{array} .$$

Comme $\underline{F}$ est localement libre, on a

$$J^k/J^{k+1} \otimes_{\underline{O}_{\hat{V}}} \underline{F} \simeq J^k\underline{F}/J^{k+1}\underline{F} .$$

De plus $J^k/J^{k+1} \otimes_{\underline{O}_{\hat{V}}} \underline{F} \simeq J^k/J^{k+1} \otimes_{\underline{O}_{V_0}} F_0$, où $F_0 = \underline{F}/J\underline{F}$. Donc, compte tenu du fait que g_0 est affine, si l'on pose $F'_0 = g_0^*F_0$, on a $K^p \simeq H^p(V'_0, F'_0)$. Par hypothèse f_0 est plat, d'où par changement de base

$$H^p(V'_0, F'_0) \simeq H^p(V_0, F_0) \otimes_{B/J} S .$$

Donc K^0 et K^1 seront de type fini sur S , si $H^0(V_0, F_0)$ et $H^1(V_0, F_0)$ sont des B/J-modules de type fini. Comme B/J est quotient d'un anneau régulier, cette condition équivaut, d'après SGA 2, VIII-II-3, à $\mathrm{prof}(F_{0,x}) \geq 2$ pour tout $x \in V_0$ tel que

$$\mathrm{codim}(\{\bar{x}\} \cap (X_0 - V_0), \{\bar{x}\}) = 1$$

ou encore, puisque F_0 est localement libre, $\mathrm{prof}(\underline{O}_{X_0,x}) \geq 2$ en les mêmes points.

LEMME 7.5.- Soient A un anneau local noethérien complet d'idéal maximal $\underline{m}$ et $B = A[[T_1,\ldots,T_n]]$. Soient $X = \mathrm{Spec}(B)$, $V = X - V(\underline{m}B)$, $X_0 = V(T_1,\ldots,T_n)$,

$V_o = V \times_X X_o$ <u>et</u> W <u>un voisinage ouvert de</u> V_o <u>dans</u> V . <u>Soit</u> e <u>un entier tel que</u> $H^i_{\underline{m}}(A)$ <u>soit un</u> A-<u>module de longueur finie pour</u> $i \leqslant e$. <u>Alors, pour tout idéal premier</u> $\underline{q}$ <u>de</u> B <u>correspondant à un point de</u> $V-W$, <u>on a</u> $\underline{q} \not\subset \underline{m}B$ <u>et</u> $\mathrm{prof}(B_{\underline{q}}) \geqslant e+1$.

<u>Démonstration</u>. Puisque A est complet, donc quotient d'un anneau régulier, l'hypothèse de finitude sur les $H^i_{\underline{m}}(A)$ entraîne (SGA 2, VIII.II.3) que, pour tout idéal premier $\underline{p} \in \mathrm{Spec}(A) - V(\underline{m})$, on a

$$\mathrm{prof}(A_{\underline{p}}) \geqslant e + 1 - \dim(A/\underline{p}) .$$

Mais A est caténaire : pour tout idéal premier minimal $\underline{p}'$ de A inclus dans $\underline{p}$, on a

$$\dim(A/\underline{p}) + \dim(A_{\underline{p}}/\underline{p}'A_{\underline{p}}) = \dim(A/\underline{p}') .$$

Donc si l'on pose $d_{\underline{p}} = \sup\limits_{\underline{p}' \subset \underline{p}} \dim(A/\underline{p}')$, on a

$$\dim(A/\underline{p}) + \dim(A_{\underline{p}}) = d_{\underline{p}} ,$$

d'où

$$\mathrm{prof}(A_{\underline{p}}) \geqslant e + 1 - d_{\underline{p}} + \dim(A_{\underline{p}}) .$$

Soit maintenant $\underline{q}$ un idéal premier de B correspondant à un point de $V-W$. Alors $V(\underline{q})$ ne rencontre X_o qu'en le point fermé de $\mathrm{Spec}(B)$, autrement dit $B/(\underline{q},T_1,\ldots,T_n)$ est un anneau artinien, et par suite $\dim(B/\underline{q}) \leqslant n$. Par ailleurs, si $\varkappa$ est le corps résiduel de A , on a $B/\underline{m}B = \varkappa[[T_1,\ldots,T_n]]$, en particulier $\dim(B/\underline{m}B) = n$. Par conséquent $\underline{q} \not\subset \underline{m}B$.

D'autre part, si $\underline{p} = \underline{q} \cap A$, on a $\dim(B_{\underline{q}}) \geqslant d_{\underline{p}}$. En effet, si $\underline{p}'$ est un idéal premier minimal de A inclus dans $\underline{p}$, l'anneau $B' = B/\underline{p}'B = A/\underline{p}'[[T_1,\ldots,T_n]]$ est intègre local complet de dimension $n + \dim(A/\underline{p}')$; d'après ce qui précède $\dim(B'/\underline{q}B') \leqslant n$, donc $\dim(B'_{\underline{q}}) \geqslant \dim(A/\underline{p}')$.

Enfin, puisque B est plat sur A , on a

$$\dim(B_{\underline{q}}) = \dim(A_{\underline{p}}) + \dim(B_{\underline{q}}/\underline{p}B_{\underline{q}}) ,$$

$$\mathrm{prof}(B_{\underline{q}}) = \mathrm{prof}(A_{\underline{p}}) + \mathrm{prof}(B_{\underline{q}}/\underline{p}B_{\underline{q}}) .$$

De plus, A étant complet, les fibres de $\mathrm{Spec}(B) \to \mathrm{Spec}(A)$ sont géométriquement régulières (EGA IV, 7.4.7), en particulier de Cohen-Macaulay, d'où

$$\begin{aligned}\mathrm{prof}(B_{\underline{q}}) &= \mathrm{prof}(A_{\underline{p}}) + \dim(B_{\underline{q}}/\underline{p}B_{\underline{q}}) \\ &\geqslant \mathrm{prof}(A_{\underline{p}}) + d_{\underline{p}} - \dim(A_{\underline{p}}) \geqslant e+1 .\end{aligned}$$

COROLLAIRE 7.6.- Sous les hypothèses du lemme avec $e = 2$, l'anneau $B_{\underline{q}}$ est parafactoriel pour tout idéal premier $\underline{q}$ de B correspondant à un point de $V-W$.

Démonstration. On a $\underline{q} \not\subset \underline{m}B$ et $\mathrm{prof}(B_{\underline{q}}) \geqslant 3$, donc $B_{\underline{q}}$ est parafactoriel d'après une variante du théorème de Ramanujam-Samuel (appendice 9.7).

PROPOSITION 7.7.- Supposons $\mathrm{prof}(R) \geqslant 2$ et $\dim_k H^2_{\underline{m}}(R) < \infty$. Soit $\bar{A}$ une k-algèbre locale noethérienne complète d'idéal maximal I et de corps résiduel k et soit k' la clôture parfaite de k. Supposons qu'il existe une k'-algèbre finie locale A' et un k'-isomorphisme de $\bar{A}\hat{\otimes}_k k'$ avec un anneau de séries formelles à coefficients dans A'. Alors, pour tout $\{\xi_n\} \in \varprojlim P(\bar{A}/I^{n+1})$ tel que $\xi_0 = 0$, il existe un élément $\bar{\xi} \in P(\bar{A})$ qui induit la famille $\{\xi_n\}$.

Démonstration. D'après 4.9, on a $\xi_n \in \mathrm{Pic}(\tilde{U}_{\bar{A}/I^{n+1}})$ pour tout $n \geqslant 0$. On va montrer qu'on peut trouver un élément $\bar{\xi} \in \mathrm{Pic}(\tilde{U}_{\bar{A}})$ induisant les ξ_n. Soient ξ'_n les images des ξ_n dans $\mathrm{Pic}(\hat{U}_{\bar{A}/I^{n+1}})$; d'après 7.2, il suffit de montrer qu'il existe un élément $\bar{\xi}' \in \mathrm{Pic}(\hat{U}_{\bar{A}})$ induisant les ξ'_n.

Soient $B = R\hat{\otimes}_k\bar{A}$ et $J = IB$. On a $B/J = \hat{R}$ et $\mathrm{gr}_J(B) = \mathrm{gr}_I(\bar{A})\otimes_k\hat{R}$; en particulier B/J est quotient d'un anneau régulier et $X = \mathrm{Spec}(B)$ est normalement plat le long de $X_0 = V(J)$. Soient $V = \hat{U}_{\bar{A}}$, $V_0 = V\times_X X_0$ et $\hat{V}$ le complété formel de V le long de V_0. Puisque $\mathrm{prof}(\hat{R}) \geqslant 2$ et $\dim_k H^2_{\underline{m}}(\hat{R}) < \infty$, on a $\mathrm{prof}(\underline{O}_{X_0,x}) \geqslant 2$ pour tout point fermé x de V_0 (SGA 2, VIII.II.3). La famille $\{\xi'_n\}$ définit un Module inversible $\underline{F}$ sur $\hat{V}$ et, d'après 7.4, il existe un Module cohérent F sur V tel que $\hat{F}$ soit isomorphe à $\underline{F}$.

Par construction F est inversible en tout point de V_0, donc il existe un voisinage ouvert W de V_0 dans V tel que $F_{|W}$ soit inversible. Soient $Z = V-W$ et i l'immersion ouverte de W dans V. Pour conclure il suffit de montrer que

$i_*(F_{|W})$ est inversible et pour cela il suffit de montrer que le couple (V,Z) est parafactoriel.

Soient $B' = R \hat{\otimes}_k \bar{A} \hat{\otimes}_k k'$ et $R' = R \hat{\otimes}_k A'$. Soient $X' = \mathrm{Spec}(B')$, $V' = V \times_X X'$, $W' = W \times_X X'$ et $Z' = V'-W'$. Alors B' est fidèlement plat sur B, il suffit donc de montrer que le couple (V',Z') est parafactoriel. Or B' est isomorphe à un anneau de séries formelles $R'[[T_1,\ldots,T_n]]$, W' est un voisinage ouvert de $V'_0 = V' \cap V(T_1,\ldots,T_n)$ et, par changement de base plat de R à R', on a $\mathrm{prof}(R') \geqslant 2$ et $\dim_{k'} H^2_{\underline{m}R'}(R') < \infty$. Ainsi, d'après 7.6, le couple (V',Z') est parafactoriel.

THÉORÈME 7.8.- <u>Supposons</u> $\mathrm{prof}(R) \geqslant 2$ <u>et</u> $\dim_k H^2_{\underline{m}}(R) < \infty$. <u>Alors</u> $\underline{\mathrm{Picloc}}_{R/k}$ <u>est représentable par un</u> k-<u>schéma en groupes localement de type fini d'espace tangent en l'origine</u> $H^2_{\underline{m}}(R)$.

<u>Démonstration</u>. On a vu plus haut que $P = \underline{\mathrm{Picloc}}_{R/k}$ est un foncteur localement de présentation finie et un faisceau pour la topologie fppf et que la section unité de P est représentable par une immersion fermée (6.6) sous la seule hypothèse $\mathrm{prof}(R) \geqslant 2$. De plus, si $\dim_k H^2_{\underline{m}}(R) < \infty$, la théorie de déformation du §4 montre que les conditions du critère de Schlessinger (I 2.6) sont remplies, de sorte que P est proreprésentable. Enfin la condition d'effectivité de la déformation formelle universelle à l'origine (I 2.9, [2](c)) est vérifiée d'après 7.7 ; d'où l'assertion.

<u>Remarque</u> 7.9.- Soit $\hat{R}$ le complété de R pour la topologie $\underline{m}$-adique. D'après SGA 2, VIII.II.3, les conditions suivantes sont équivalentes :

(i) $\dim_k H^1_{\underline{m}}(R) < \infty$ et $\dim_k H^2_{\underline{m}}(R) < \infty$,

(ii) les points fermés de l'ouvert complémentaire du point fermé dans $\mathrm{Spec}(\hat{R})$ sont de profondeur $\geqslant 2$.

En particulier ces conditions sont vérifiées si $\hat{R}$ est normal de dimension $\geqslant 3$.

On vérifie comme pour le théorème 6.6 que la condition $\mathrm{prof}(R) \geqslant 2$ dans l'énoncé du théorème 7.8 peut être remplacée par la condition plus faible $\dim_k H^1_{\underline{m}}(R) < \infty$.

8. Appendice. Produit tensoriel hensélisé et produit tensoriel complété.

Soient k un corps, R une k-algèbre locale noethérienne de corps résiduel k et d'idéal maximal $\underline{m}$. Pour toute k-algèbre A , on note $R\,\tilde{\otimes}_k A$ l'hensélisé du couple $(R\otimes_k A\ ,\ \underline{m}R\otimes_k A)$ et $R\,\hat{\otimes}_k A$ son complété. Si M est un R-module et E un A-module de type fini, on note

$$M\,\tilde{\otimes}_k E = M\otimes_R (R\,\tilde{\otimes}_k A)\otimes_A E\ ,$$

$$M\,\hat{\otimes}_k E = M\otimes_R (R\,\hat{\otimes}_k A)\otimes_A E\ .$$

Il est clair que $R\,\tilde{\otimes}_k A$ est un A-module plat et que $R\,\tilde{\otimes}_k E$ est un R-module plat.

PROPOSITION 8.1.- *Soient A une k-algèbre noethérienne et E un A-module de type fini. Alors $R\,\hat{\otimes}_k A$ est un anneau noethérien et un A-module plat ; de plus $R\,\hat{\otimes}_k E$ est un R-module plat.*

Démonstration. Notons $B = R\otimes_k A$ et $\hat{B} = R\,\hat{\otimes}_k A$. On a $gr_{\underline{m}}(B) = gr_{\underline{m}}(R)\otimes_k A$. Comme R est noethérien, $gr_{\underline{m}}(R)$ est une k-algèbre de type fini ; par suite, comme A est noethérien, $gr_{\underline{m}}(B)$ est noethérien, donc $\hat{B}$ est noethérien (cf. [7], chap.III, §2, n° 9, cor. 2 de la prop. 12).

Comme E est un A-module de type fini et $\hat{B}$ un anneau noethérien, $R\,\hat{\otimes}_k E = \hat{B}\otimes_A E$ est un R-module idéalement séparé pour $\underline{m}$ (cf. [7], chap. III, §5, n° 4, prop. 2). Or $gr_{\underline{m}}(R\,\hat{\otimes}_k E) = gr_{\underline{m}}(R)\otimes_k E$ est un $gr_{\underline{m}}(R)$-module plat, donc $R\,\hat{\otimes}_k E$ est un R-module plat (cf. [7], chap. III, §5, n° 2, th. 1).

Enfin $R\,\hat{\otimes}_k A$ est un A-module plat d'après le lemme suivant.

LEMME 8.2.- *Soient A un anneau, B une A-algèbre noethérienne et N un B-module de type fini. Supposons qu'il existe un idéal $I\subset rad(B)$ tel que $gr_I(N)$ soit plat sur A , alors N est plat sur A .*

Démonstration. On note $\hat{B}$ le complété de B pour la topologie I-adique ; comme B est noethérien et $I\subset rad(B)$, $\hat{B}$ est fidèlement plat sur B et il suffit de montrer que $N\otimes_B\hat{B}$ est plat sur A . Autrement dit il s'agit de montrer que, si

$E \to E'$ est une injection de A-modules de type fini, l'application $E \otimes_A N \otimes_B \hat{B} \to E' \otimes_A N \otimes_B \hat{B}$ est injective. Mais $E \otimes_A N$ est un B-module de type fini et B est noethérien, donc $E \otimes_A N \otimes_B \hat{B} = \varprojlim (E \otimes_A N/I^n N)$; de même $E' \otimes_A N \otimes_B \hat{B} = \varprojlim (E' \otimes_A N/I^n N)$. Le foncteur $\varprojlim$ étant exact à gauche, il suffit de montrer que, pour tout $n \geqslant 0$, l'application $E \otimes_A N/I^n N \to E' \otimes_A N/I^n N$ est injective. Par hypothèse $gr_I(N)$ est plat sur A ; par extensions successives il en résulte que, pour tout $n \geqslant 0$, le module $N/I^n N$ est plat sur A, d'où l'assertion.

LEMME 8.3.- _Soient_ (B_α, I_α) _un système inductif filtrant de couples et_ $(B,I) = \varinjlim (B_\alpha, I_\alpha)$. _Soit_ $(\tilde{B}_\alpha, \tilde{I}_\alpha)$ _un hensélisé de_ (B_α, I_α). _Alors les_ $(\tilde{B}_\alpha, \tilde{I}_\alpha)$ _forment canoniquement un système inductif et_ $(\tilde{B}, \tilde{I}) = \varinjlim (\tilde{B}_\alpha, \tilde{I}_\alpha)$ _est un hensélisé de_ (B,I).

Démonstration. D'après [42], chap. XI, prop. 2, le couple $(\tilde{B}, \tilde{I})$ est hensélien. Il est alors clair que l'homomorphisme canonique $(B,I) \to (\tilde{B}, \tilde{I})$ vérifie la propriété universelle qui caractérise un hensélisé de (B,I).

COROLLAIRE 8.4.- _Soient_ $\{A_\alpha\}$ _un système inductif filtrant de_ k-_algèbres et_ $A = \varinjlim A_\alpha$. _Alors_ $R \tilde{\otimes}_k A = \varinjlim (R \tilde{\otimes}_k A_\alpha)$.

Démonstration. En effet $(R \otimes_k A_\alpha , \underline{m}R \otimes_k A_\alpha)$ est un système inductif filtrant de couples et $(R \otimes_k A , \underline{m}R \otimes_k A) = \varinjlim (R \otimes_k A_\alpha , \underline{m}R \otimes_k A_\alpha)$.

PROPOSITION 8.5.- _Soit_ $\{A_\lambda\}$ _un système inductif filtrant de_ k-_algèbres locales essentiellement de type fini tel que, pour tout_ $\lambda \leqslant \mu$, _l'homomorphisme de transition_ $A_\lambda \to A_\mu$ _soit local et plat et que, si_ $\underline{m}_\lambda$ _est l'idéal maximal de_ A_λ, _on ait_ $\underline{m}_\mu = \underline{m}_\lambda A_\mu$. _Soit_ $A = \varinjlim A_\lambda$. _Alors_ $R \tilde{\otimes}_k A$ _est un anneau local noethérien._

Démonstration. Pour tout λ, l'anneau $R \otimes_k A_\lambda$ est noethérien, car A_λ est essentiellement de type fini sur k. Par suite $R \tilde{\otimes}_k A_\lambda$ est un anneau local noethérien ; soit $\underline{n}_\lambda$ son idéal maximal. D'après 8.4, on a $R \tilde{\otimes}_k A = \varinjlim R \tilde{\otimes}_k A_\lambda$. Pour tout $\lambda \leqslant \mu$, l'homomorphisme de transition $R \tilde{\otimes}_k A_\lambda \to R \tilde{\otimes}_k A_\mu$ est local et plat et $\underline{n}_\lambda (R \tilde{\otimes}_k A_\mu) = \underline{n}_\mu$. Par suite $R \tilde{\otimes}_k A$ est un anneau local noethérien [EGA 0_{III}, 10.3.1.3].

COROLLAIRE 8.6.- Soit A une k-algèbre vérifiant l'une des conditions suivantes :

(i) A est locale artinienne.

(ii) A est l'hensélisé ou l'hensélisé strict d'une k-algèbre locale essentiellement de type fini A_o .

Alors $R \tilde{\otimes}_k A$ est un anneau local noethérien.

Démonstration. (i) Soient $B = R \tilde{\otimes}_k A$ et I l'idéal maximal de A . Alors IB est un idéal nilpotent de B et $gr_{IB}(B) = gr_I(A) \otimes_{A/I}(B/IB)$ est une B/IB-algèbre de type fini. Pour montrer que B est noethérien, il suffit donc de montrer que $B/IB = R \tilde{\otimes}_k(A/I)$ est noethérien (cf. [7], chap. III, §2, nº 9, cor. 2 de la prop. 12).

Autrement dit on peut supposer que A est un corps. Alors $A = \varinjlim A_\lambda$, où les A_λ sont les sous-corps de A contenant k et extensions de type fini de k ; et la proposition 8.5 montre que $R \tilde{\otimes}_k A$ est noethérien.

(ii) On peut écrire $A = \varinjlim A_\lambda$ où $\{A_\lambda\}$ est un système inductif filtrant de A_o-algèbres locales-étales vérifiant les conditions de la proposition 8.5.

Pour tout R-module M , on note W_M le foncteur en groupes sur les k-algèbres défini par $W_M(A) = M \tilde{\otimes}_k A$. Si M est un R-module de longueur finie, on a $M \tilde{\otimes}_k A = M \otimes_k A$ et W_M est représentable par le fibré vectoriel sur k associé à $M^\vee = Hom_k(M,k)$. En général W_M n'est pas représentable, cependant :

PROPOSITION 8.7.- Pour tout R-module M , la section unité de W_M est représentable par une immersion fermée de présentation finie.

Démonstration. Ecrivons M comme limite inductive de ses sous-R-modules de type fini M_i ; alors, pour toute k-algèbre A , on a $M \tilde{\otimes}_k A = \varinjlim (M_i \tilde{\otimes}_k A)$ et, puisque $R \tilde{\otimes}_k A$ est plat sur R , les homomorphismes $M_i \tilde{\otimes}_k A \to M \tilde{\otimes}_k A$ sont injectifs. Si ξ est un élément de $M \tilde{\otimes}_k A$, il existe un indice i tel que ξ provienne d'un élément ξ_i de $M_i \tilde{\otimes}_k A$ et le sous-foncteur de $Spec(A)$ qui représente la condition $\xi = 0$ dans W_M est identique à celui qui représente la condition $\xi_i = 0$ dans W_{M_i} . Il suffit donc de démontrer la proposition lorsque M est un R-module de type fini. De plus, comme W_M est un foncteur localement de présentation finie, il suffit de démontrer l'assertion en restriction à la catégorie des k-algèbres de type fini.

Soit donc M un R-module de type fini, A une k-algèbre de type fini, $\xi \in M \tilde{\otimes}_k A$ et, pour tout entier $n \geq 0$, soient $M_n = M \otimes_R R/\underline{m}^n$ et ξ_n l'image de ξ dans $M_n \tilde{\otimes}_k A = M_n \otimes_k A$. Pour toute A-algèbre de type fini A', l'application canonique $M \tilde{\otimes}_k A' \to M \hat{\otimes}_k A'$ est injective et $M \hat{\otimes}_k A' = \varprojlim M_n \otimes_k A'$. Par conséquent le sous-foncteur Z de $\operatorname{Spec}(A)$ qui représente la condition $\xi = 0$ est l'intersection des sous-foncteurs Z_n de $\operatorname{Spec}(A)$ qui représentent la condition $\xi_n = 0$. Or Z_n est un sous-schéma fermé de $\operatorname{Spec}(A)$, puisque W_{M_n} est représentable.

On notera $\tilde{W}_M$ le faisceau pour la topologie fppf sur la catégorie des k-algèbres associé à W_M. Si M est de longueur finie, on a $W_M = \tilde{W}_M$, puisque W_M est représentable.

COROLLAIRE 8.8.- <u>Pour tout R-module M, la section unité de $\tilde{W}_M$ est représentable par une immersion fermée de présentation finie.</u>

<u>Démonstration.</u> Cela résulte de la proposition 8.7 et du fait que, si $A \to A'$ est un homomorphisme fppf de k-algèbres, l'application correspondante $M \tilde{\otimes}_k A \to M \tilde{\otimes}_k A'$ est injective, car l'homomorphisme $R \tilde{\otimes}_k A \to R \tilde{\otimes}_k A'$ est fidèlement plat.

PROPOSITION 8.9.- <u>Soient A une k-algèbre noethérienne, M un R-module et E un A-module de type fini. Alors l'application canonique $M \tilde{\otimes}_k E \to M \hat{\otimes}_k E$ est injective.</u>

<u>Démonstration.</u> Nous commencerons par des cas particuliers.

(i) <u>Si A est intègre, l'application $R \tilde{\otimes}_k A \to R \hat{\otimes}_k A$ est injective.</u> En effet, si K est le corps des fractions de A, l'application $R \tilde{\otimes}_k A \to R \tilde{\otimes}_k K$ est injective (8.7) ; de plus $R \tilde{\otimes}_k K$ est noethérien (8.6), donc l'homomorphisme $R \tilde{\otimes}_k K \to R \hat{\otimes}_k K$ est fidèlement plat, en particulier injectif.

(ii) <u>Cas où</u> $M = R$. On sait qu'il existe une suite de composition $\{E_i\}$ de E telle que E_i/E_{i+1} soit isomorphe à $A/\underline{p}_i$, où $\underline{p}_i$ est un idéal premier de A. On raisonne par récurrence sur la longueur $\ell(E)$ d'une telle suite, sachant que pour $\ell(E) = 1$ la propriété voulue est vraie (i). Si $\ell(E) > 1$, il existe une suite exacte de A-modules

$$0 \to E' \to E \to E'' \to 0 ,$$

avec $\ell(E')$ et $\ell(E'')$ strictement inférieurs à $\ell(E)$. Comme $R \tilde{\otimes}_k A$ et $R \hat{\otimes}_k A$ sont des A-modules plats (8.1), on en déduit un diagramme commutatif de suites exactes

$$\begin{array}{ccccccccc} 0 \to & R \tilde{\otimes}_k E' & \to & R \tilde{\otimes}_k E & \to & R \tilde{\otimes}_k E'' & \to 0 \\ & \alpha' \downarrow & & \alpha \downarrow & & \alpha'' \downarrow & \\ 0 \to & R \hat{\otimes}_k E' & \to & R \hat{\otimes}_k E & \to & R \hat{\otimes}_k E'' & \to 0 . \end{array}$$

Par hypothèse de récurrence α' et α'' sont injectifs, donc α est injectif.

(iii) Cas général. Par passage à la limite inductive, on peut supposer que M est un R-module de type fini. Le cas où M est monogène résulte de (ii). On conclut comme ci-dessus par récurrence sur la longueur d'une suite de composition de M dont les quotients successifs sont monogènes, en utilisant le fait que $R \tilde{\otimes}_k E$ et $R \hat{\otimes}_k E$ sont plats sur R .

9. Appendice. Une variante du théorème de Ramanujam-Samuel.

Nous nous proposons de démontrer dans ce paragraphe une variante du théorème de Ramanujam-Samuel (EGA IV, 21.14.1) qui a l'avantage de s'appliquer sans hypothèses de normalité sur la base. Nous en profitons pour affaiblir légèrement l'hypothèse de finitude sur l'extension résiduelle. On verra plus loin comment le foncteur de Picard local permet d'éliminer cette hypothèse de finitude dans le cas d'égale caractéristique.

On dira qu'un homomorphisme local d'anneaux locaux noethériens $\rho : A \to B$ est formellement lisse s'il fait de B une A-algèbre formellement lisse pour les topologies préadiques (EGA 0_{IV}, 19.3.1).

On dira qu'une extension de corps $k \subset K$ est de multiplicité radicielle finie s'il existe une extension radicielle finie k' de k telle que $(K \otimes_k k')_{red}$ soit une extension séparable de k'.

THÉORÈME 9.1.- <u>Soient</u> A <u>et</u> B <u>deux anneaux locaux noethériens tels que</u> $\dim(B) > \dim(A)$ <u>et</u> $\operatorname{prof}(B) \geqslant 3$. <u>Soit</u> $\rho : A \to B$ <u>un homomorphisme local formellement lisse tel que le corps résiduel de</u> B <u>soit de multiplicité radicielle finie sur celui de</u> A . <u>Alors</u> B <u>est parafactoriel</u>.

La démonstration consistera en une suite de lemmes.

LEMME 9.2.- <u>Il suffit de démontrer le théorème dans le cas particulier où</u> A <u>est complet et</u> $B = A[[T]]$.

<u>Démonstration</u>. Soient $\underline{m}$ l'idéal maximal de A , $\hat{A}$ et $\hat{B}$ les complétés de A et B respectivement ; on sait que $\hat{B}$ est une $\hat{A}$-algèbre formellement lisse (EGA 0_{IV}, 19.3.6). Soient k le corps résiduel de A , K celui de B et k' une extension radicielle finie de k telle que $(K \otimes_k k')_{red}$ soit une extension séparable de k'. On sait qu'il existe un homomorphisme local $\hat{A} \to A'$, où A' est un anneau local noethérien complet fini et plat sur $\hat{A}$ et tel que $A'/\underline{m}A'$ soit isomorphe à k' (EGA 0_I, 6.8). Alors $B' = \hat{B} \otimes_{\hat{A}} A'$ est un anneau local noethérien complet fini et plat sur $\hat{B}$ et formellement lisse sur A', de plus le corps résiduel de B' est

séparable sur celui de A'. Par construction on a $\mathrm{prof}(B') = \mathrm{prof}(B)$, $\dim(B') = \dim(B)$, $\dim(A') = \dim(A)$. De plus l'image réciproque de l'ouvert complémentaire du point fermé de $\mathrm{Spec}(B)$ est l'ouvert complémentaire du point fermé de $\mathrm{Spec}(B')$ et B' est fidèlement plat sur B, il suffit donc de démontrer que B' est parafactoriel (2.3).

Autrement dit, on peut supposer A et B complets et le corps résiduel K de B séparable sur le corps résiduel k de A. Alors $B_0 = B \otimes_A k$ est k-isomorphe à un anneau de séries formelles $K[[T_1,\ldots,T_n]]$ avec $n \geqslant 1$ (EGA 0_{IV}, 19.6.4). Il existe un homomorphisme local et plat $A \to \bar{A}$, où $\bar{A}$ est un anneau local noethérien complet tel que $\bar{A}/\underline{m}\bar{A}$ soit isomorphe à K (EGA 0_I, 6.8). Alors le k-isomorphisme de B_0 avec $K[[T_1,\ldots,T_n]]$ s'étend en un A-isomorphisme de B avec $\bar{A}[[T_1,\ldots,T_n]]$ (EGA 0_{IV}, 19.7.2).

Quitte à remplacer A par $\bar{A}[[T_1,\ldots,T_{n-1}]]$, on est ramené au cas où $B = A[[T]]$.

LEMME 9.3.- *Soient* B *un anneau noethérien,* V *un ouvert de* $\mathrm{Spec}(B)$, E *un ensemble fini de points de* V *et* L *un faisceau inversible sur* V. *Alors il existe un diviseur positif* D *sur* V *tel que* $L \simeq \underline{O}_V(D)$ *et* $\mathrm{Supp}(D) \cap E = \emptyset$.

Démonstration. Il suffit de montrer que L possède une section méromorphe régulière qui appartient à $\Gamma(V,L)$ et est inversible en tous les points de E. Soit M un B-module de type fini qui prolonge L. Soient $\underline{q}_i$ les idéaux premiers de B correspondant aux points de $\mathrm{Ass}(\underline{O}_V) \cup E$ et soit $S = B - \cup \underline{q}_i$. L'anneau $S^{-1}B$ est semi-local et $S^{-1}M$ est un $S^{-1}B$-module projectif de rang 1, donc libre de rang 1. Soit m un élément de M dont l'image $m/1$ dans $S^{-1}M$ est une base ; alors l'image de m dans $\Gamma(V,L)$ répond à la question.

LEMME 9.4.- *Soit* A *un anneau local noethérien complet d'idéal maximal* $\underline{m}$. *Soit* I *un idéal de* $A[[T]]$ *tel que* $I \not\subset \underline{m}A[[T]]$. *Alors* :

(i) $A[T]/I \cap A[T]$ *est fini sur* A.

(ii) I *est engendré par* $I \cap A[T]$.

Démonstration. Soit $f \in I$ tel que $f \notin \underline{m}A[[T]]$. D'après le théorème de préparation de Weierstrass (cf. [7], chap. VII, §3, n° 8, prop. 6), il existe un polynôme distingué F tel que $f = uF$, avec $u \in A[[T]]^*$. Alors $F \in I \cap A[T]$, et $A[T]/I \cap A[T]$ est un quotient de $A[T]/F$ qui est fini sur A , d'où (i).

De plus pour tout $g \in A[[T]]$, il existe $h \in A[[T]]$ et $R \in A[T]$ tel que $g = hF + R$. En particulier si $g \in I$ on a $R \in I \cap A[T]$, d'où (ii).

LEMME 9.5.- Soient S un schéma et $\underline{J}$ un idéal de $\underline{O}_S[T]$ tel que $\underline{O}_S[T]/\underline{J}$ soit un $\underline{O}_S$-module projectif de type fini de rang constant m (e.g. S est connexe et $\underline{O}_S[T]/\underline{J}$ est fini et plat sur S). Alors il existe un unique polynôme unitaire de degré m , soit $F \in \Gamma(S,\underline{O}_S)[T]$, tel que $\underline{J} = (F)$.

Démonstration. Etant donné l'unicité de F , il suffit par recollement de démontrer le lemme dans un voisinage ouvert affine arbitrairement petit d'un point de S . On peut en tout cas supposer S affine ; soient $A = \Gamma(S,\underline{O}_S)$, $J = \Gamma(S,\underline{J})$, $\underline{p}$ un idéal premier de A , k le corps résiduel de A en $\underline{p}$ et J_0 l'image de J dans $k[T]$. Alors $(A[T]/J) \otimes_A k = k[T]/J_0$ est un k-module libre de base $1,T,\dots,T^{m-1}$; quitte à remplacer S par un voisinage ouvert affine de $\underline{p}$ assez petit, on peut donc supposer que $A[T]/J$ est un A-module libre de base $1,T,\dots,T^{m-1}$ (cf. [7], chap. II, §3, n° 2, prop. 5 et §5, n° 2, th. 1).

Alors il existe des $a_i \in A$, $i = 0,\dots,m-1$, tels que $T^m = \sum_{i=0}^{m-1} a_i T^i$, mod(J) ; autrement dit le polynôme $F(T) = T^m - \sum_{i=0}^{m-1} a_i T^i$ appartient à J . De plus puisque F est unitaire, pour tout $G \in A[T]$ il existe des polynômes H et $R \in A[T]$ tels que $G = FH + R$, $\deg(R) < m$. Si $G \in J$, il en est de même de R ; donc R est identiquement nul, sinon il y aurait une relation non triviale entre $1,T,\dots,T^{m-1}$ dans $A[T]/J$. Donc $J = (F)$; il est clair que F est le seul polynôme unitaire de $A[T]$ ayant cette propriété.

LEMME 9.6.- Soit A un anneau local noethérien complet de profondeur $\geqslant 2$. Alors l'anneau $B = A[[T]]$ est parafactoriel.

Démonstration. Soient $\underline{m}$ l'idéal maximal de A , U [resp. V] l'ouvert complémentaire du point fermé de $\mathrm{Spec}(A)$ [resp. $\mathrm{Spec}(B)$] et W l'image réciproque de U dans $\mathrm{Spec}(B)$. Soit L un faisceau inversible sur V ; d'après 9.3 il existe un diviseur positif D sur V dont le support ne contient pas $V(\underline{m}B)$ et tel que L soit isomorphe à $\underline{O}_V(D)$. Soit $I = \Gamma(V,\underline{O}_V(-D))$; par construction I est un idéal de $B = \Gamma(V,\underline{O}_V)$ qui n'est pas contenu dans $\underline{m}B$, donc (9.4) I est engendré par $J = I \cap A[T]$ et $A[T]/J$ est fini sur A .

Montrons que $\underline{O}_U[T]/\tilde{J}$ est plat sur U . Puisque l'homomorphisme $A[T] \to A[[T]]$ est fidèlement plat, il suffit pour cela de montrer que $A[[T]]/I$ est plat sur A aux points de $W \cap V(I)$. Or pour tout $\underline{q} \in W \cap V(I)$, il existe $f \in B_{\underline{q}}$ tel que $I_{\underline{q}} = (f)$. De plus l'image de f dans $B_{\underline{q}}/(\underline{q} \cap A)B_{\underline{q}}$ est non nulle (donc non diviseur de zéro car les fibres de $A \to B = A[[T]]$ sont intègres), sinon $V(I)$ contiendrait le point générique de la fibre de $A \to B$ passant par $\underline{q}$, donc aussi le point générique de la fibre fermée contrairement à l'hypothèse. Par suite $B_{\underline{q}}/I_{\underline{q}} = B_{\underline{q}}/(f)$ est plat sur $A_{\underline{q} \cap A}$.

Ainsi $\underline{O}_U[T]/\tilde{J}$ est fini et plat sur U , de plus U est connexe car $\mathrm{prof}(A) \geq 2$; d'après 9.5 il existe donc un polynôme $F \in A[T]$ tel que $\tilde{I}_{|W} = (F)$. Les diviseurs D et (F) sur V coïncident en tous les points de W , mais le seul point de $V-W$ est de profondeur ≥ 2 , donc $D = (F)$ et L est trivial.

Ceci achève la démonstration du théorème 9.1. Nous allons en déduire le

THEOREME 9.7.- Soient A et B deux anneaux locaux noethériens, $\underline{m}$ l'idéal maximal de A , $\rho : A \to B$ un homomorphisme local formellement lisse tel que le corps résiduel de B soit de multiplicité radicielle finie sur celui de A . Alors pour tout idéal premier $\underline{q}$ de B tel que $\underline{q} \not\subset \underline{m}B$ et $\mathrm{prof}(B_{\underline{q}}) \geq 3$, l'anneau $B_{\underline{q}}$ est parafactoriel.

Démonstration. Dans une réduction préliminaire, nous adopterons les notations du lemme 9.2. Puisque B' est fidèlement plat sur B , il suffit de montrer que pour tout idéal premier $\underline{q}'$ de B' tel que $\underline{q}' \cap B = \underline{q}$, l'anneau $B'_{\underline{q}'}$ est parafactoriel

(2.3). Par fidèle platitude on a $\mathrm{prof}(B'_{\underline{q}'}) \geq 3$ et $\underline{q}' \not\subset \underline{m}B'$; il suffit donc de démontrer le théorème dans le cas où A est complet et $B = A[[T_1,\ldots,T_n]]$.

Soit f un élément de $\underline{q}$ tel que $f \notin \underline{m}B$; d'après ([7], chap. VII, §3, n° 7, lemme 3) il existe un A-automorphisme ϕ de B tel que $\phi(f) \notin (\underline{m},T_1,\ldots,T_{n-1})$. Ainsi quitte à faire cet automorphisme et à remplacer A par $A[[T_1,\ldots,T_{n-1}]]$, on peut supposer que A est complet et $B = A[[T]]$.

Soit $\underline{p} = \underline{q} \cap A$. Puisque $\underline{q} \not\subset \underline{m}B$, $B/\underline{q}$ est un A-module quasi-fini ; mais A est noethérien complet, donc $B/\underline{q}$ est une A-algèbre finie (EGA 0_I, 7.4.4). En particulier, son corps des fractions, qui est le corps résiduel de $B_{\underline{q}}$, est fini sur le corps résiduel de $A_{\underline{p}}$, a fortiori de multiplicité radicielle finie. De plus les fibres de $A \to B$ sont géométriquement régulières (EGA IV, 7.4.7), donc $B_{\underline{q}}$ est formellement lisse sur $A_{\underline{p}}$ (EGA 0_{IV}, 19.6.6 et 19.7.1). On conclut en appliquant le théorème 9.1.

COROLLAIRE 9.8.- <u>Soient</u> A <u>et</u> B <u>deux anneaux locaux noethériens,</u> $\underline{m}$ <u>l'idéal maximal de</u> A , $\rho : A \to B$ <u>un homomorphisme local formellement lisse tel que le corps résiduel de</u> B <u>soit de multiplicité radicielle finie sur celui de</u> A . <u>Supposons que le complété de</u> A <u>pour la topologie</u> $\underline{m}$<u>-adique est normal. Alors pour tout idéal premier</u> $\underline{q}$ <u>de</u> B <u>tel que</u> $\underline{q} \not\subset \underline{m}B$ <u>et</u> $\dim(B_{\underline{q}}) \geq 2$, <u>l'anneau</u> $B_{\underline{q}}$ <u>est parafactoriel.</u>

<u>Démonstration</u>. On peut supposer A et B complets. Alors les fibres de $A \to B$ sont géométriquement régulières (cf. EGA IV, 7.5.1 dans le cas où l'extension résiduelle est finie et M. André [4] dans le cas général). En particulier, puisque A est normal, B est normal (EGA IV, 6.5.4).

De plus $V(\underline{q})$ ne peut pas contenir de composante irréductible d'une fibre de $A \to B$. Sinon, avec les notations de 9.2, $V(\underline{q}B')$ contiendrait une composante irréductible d'une fibre de $A' \to B'$, a fortiori une composante irréductible d'une fibre de $\bar{A} \to B' = \bar{A}[[T_1,\ldots,T_n]]$; ce qui est impossible car $\underline{q}B' \not\subset \underline{m}B'$ et $\bar{A} \to B'$ est plat à fibres intègres.

Si $\text{prof}(B_{\underline{q}}) \geqslant 3$, $B_{\underline{q}}$ est parafactoriel d'après 9.7. Sinon on a $\text{prof}(B_{\underline{q}}) = 2$, puisque B est normal. Alors, si $\underline{p} = \underline{q} \cap A$, on a $\text{prof}(A_{\underline{p}}) \leqslant 1$ et, puisque A est normal, $A_{\underline{p}}$ est régulier. Donc $B_{\underline{q}}$ est régulier, puisque le morphisme $A \to B$ est régulier (EGA IV, 6.5.1) ; a fortiori $B_{\underline{q}}$ est parafactoriel (Auslander-Buchsbaum, EGA IV, 21.11.1).

Remarques 9.9.- (a) La démonstration du théorème de Ramanujam-Samuel donnée en EGA IV, 21.14.1 semble incorrecte lorsque l'extension résiduelle de $\rho : A \to B$ n'est pas séparable. En effet, avec les notations de 9.2, A peut être normal sans que A' le soit. Cependant l'énoncé est vrai comme le montre le corollaire 9.8.

(b) Il est vraisemblable que les énoncés précédents restent exacts sans hypothèse de finitude sur l'extension résiduelle. On montre plus loin qu'il en est ainsi en égale caractéristique.

CHAPITRE III

APPLICATIONS DIVERSES

On a réuni dans ce chapitre des applications de la théorie développée au chapitre II. Le paragraphe 1 donne un critère de parafactorialité des produits qui généralise le théorème de Ramanujam-Samuel. Dans le paragraphe 2 on applique ce critère aux algèbres formellement lisses, puis on étudie l'effet d'une extension séparable du corps résiduel sur le foncteur de Picard local.

Le paragraphe 3, qui est indépendant des deux paragraphes précédents, donne une interprétation analytique du schéma de Picard local de l'anneau local d'un germe d'espace analytique complexe. Une telle interprétation est rendue possible par les travaux de Trautmann, Frisch-Guenot et Siu sur le prolongement des faisceaux analytiques cohérents [20].

Enfin le paragraphe 4 fait le lien entre le foncteur de Picard local d'un anneau local R et les revêtements abéliens finis de l'ouvert complémentaire du point fermé de $\mathrm{Spec}(R)$. A l'exception de la définition du foncteur de Picard local, la démonstration du théorème principal de ce paragraphe est indépendante de ce qui précède. On y utilise des résultats de L. Breen [11] sur les Ext de faisceaux fppf abéliens ; pour traiter le cas de la caractéristique 2, il a fallu calculer explicitement certains Ext , ces calculs sont rejetés en appendice.

1. Parafactorialité des produits.

Dans ce paragraphe et le suivant nous montrons que la représentabilité de la section unité de $\underline{\text{Picloc}}_{R/k}$, dont la démonstration repose en partie sur la variante du théorème de Ramanujam-Samuel donnée plus haut (II 9), permet à son tour de donner des critères de parafactorialité plus généraux que ceux de II 9 tout au moins pour des anneaux contenant un corps.

DÉFINITION 1.1.- On dit qu'un anneau local B est *géométriquement parafactoriel* si toute B-algèbre locale-étale est parafactorielle. Par passage à la limite, il revient au même de dire qu'un hensélisé strict de B est parafactoriel.

PROPOSITION 1.2.- *Supposons* $\text{prof}(R) \geqslant 2$. *Soit* A *une* k-*algèbre locale noethérienne de profondeur* $\geqslant 1$. *Alors l'anneau local* $R \tilde{\otimes}_k A$ *est géométriquement parafactoriel.*

Démonstration. Quitte à remplacer A par un hensélisé strict, il suffit de montrer que $R \tilde{\otimes}_k A$ est parafactoriel. Soient $S = \text{Spec}(R)$ et U l'ouvert complémentaire du point fermé dans S . Soient $\tilde{S}_A = \text{Spec}(R \tilde{\otimes}_k A)$, $\tilde{V}_A$ l'ouvert complémentaire du point fermé dans $\tilde{S}_A$ et $\tilde{U}_A$ l'image réciproque de U dans $\tilde{S}_A$. Soient $j : U \hookrightarrow S$, $\varphi : \tilde{U}_A \hookrightarrow \tilde{V}_A$ et $\psi : \tilde{V}_A \hookrightarrow \tilde{S}_A$ les immersions canoniques.

Par hypothèse on a $\text{prof}(R) \geqslant 2$, autrement dit $j_* \underline{O}_U = \underline{O}_S$; par changement de base plat $\tilde{V}_A \to S$ [resp. $\tilde{S}_A \to S$] , on en déduit : $\varphi_* \underline{O}_{\tilde{U}_A} = \underline{O}_{\tilde{V}_A}$ [resp. $(\psi \circ \varphi)_* \underline{O}_{\tilde{U}_A} = \underline{O}_{\tilde{S}_A}$] , donc aussi $\psi_* \underline{O}_{\tilde{V}_A} = \underline{O}_{\tilde{S}_A}$. Il s'agit donc de montrer qu'on a $\text{Pic}(\tilde{V}_A) = 0$.

Comme $\varphi_* \underline{O}_{\tilde{U}_A} = \underline{O}_{\tilde{V}_A}$, l'application canonique $\text{Pic}(\tilde{V}_A) \to \text{Pic}(\tilde{U}_A)$ est injective. De plus, si A' est l'anneau total des fractions de A , l'image de $\text{Pic}(\tilde{V}_A)$ dans $\text{Pic}(\tilde{U}_{A'})$ est nulle ; en effet $R \tilde{\otimes}_k A'$ est un anneau semi-local et l'hensélisé d'un localisé de $\tilde{V}_A$ (on a $A \neq A'$, car $\text{prof}(A) \geqslant 1$) . Mais d'après II 6.8, l'application canonique $\text{Pic}(\tilde{U}_A) \to \text{Pic}(\tilde{U}_{A'})$ est injective, d'où la proposition.

PROPOSITION 1.3.- *Supposons* prof(R) ≥ 1 . *Soit* A *une* k-*algèbre locale noethérienne de profondeur* ≥ 2 . *Alors l'anneau local* $\tilde{R \otimes_k A}$ *est géométriquement parafactoriel.*

Démonstration. Quitte à remplacer A par un hensélisé strict, il suffit de montrer que $\tilde{R \otimes_k A}$ est parafactoriel.

(a) *Réduction au cas où le corps résiduel* K *de* A *est une extension algébrique radicielle de* k .

LEMME 1.3.1.- *Soit* A *un anneau local contenant un corps* k . *Soient* K *le corps résiduel de* A *et* E *un sous-corps de* K *extension transcendante pure de* k. *Alors* A *contient un corps* $\bar{E}$ *contenant* k *dont l'image dans* K *est égale à* E .

Démonstration. Soit $(a_i)_{i\in I}$ une base de transcendance de E sur k et $(\bar{a}_i)_{i\in I}$ une famille d'éléments de A relevant les a_i . L'application canonique de A dans K réalise une bijection entre le sous-anneau $k[\bar{a}_i]_{i\in I}$ de A et le sous-anneau $k[a_i]_{i\in I}$ de K , car $k[a_i]_{i\in I}$ est isomorphe à un anneau de polynômes sur k . Par suite les éléments de $k[\bar{a}_i]_{i\in I} - \{0\}$ sont inversibles dans A et A contient le corps $\bar{E} = k(\bar{a}_i)$ dont l'image dans K est égale à $E = k(a_i)$.

LEMME 1.3.2.- *Soit* A *un anneau local hensélien contenant un corps* k . *Soient* K *le corps résiduel de* A *et* E *un sous-corps de* K *admettant une base de transcendance séparante sur* k . *Alors* A *contient un corps* $\bar{E}$ *contenant* k *dont l'image dans* K *est égale à* E .

Démonstration. D'après le lemme précédent, il suffit de traiter le cas où E est une extension algébrique séparable de k . Supposons tout d'abord que c'est une extension finie séparable de k , de sorte que la A-algèbre $A \otimes_k E$ est finie étale. L'inclusion de E dans K définit un point rationnel de la fibre fermée du morphisme $\mathrm{Spec}(A \otimes_k E) \to \mathrm{Spec}(A)$; puisque A est hensélien, ce point rationnel se prolonge de manière unique en une section de ce morphisme ; cette section définit un k-homomorphisme de E dans A dont l'image $\bar{E}$ est l'unique sous-corps de A contenant k et relevant E .

Si E est une extension algébrique séparable quelconque de k, elle est réunion de ses sous-extensions finies E_i qui sont elles aussi séparables sur k ; en vertu de leur unicité, les sous-corps $\bar{E}_i$ de A contenant k qui relèvent les E_i forment un système inductif relevant le système inductif des E_i et le corps $\bar{E} = \cup \bar{E}_i$ a les propriétés voulues.

COROLLAIRE 1.3.3.- <u>Soit</u> A <u>un anneau local hensélien contenant un corps</u> k. <u>Alors</u> A <u>contient un corps</u> k' <u>contenant</u> k <u>tel que le corps résiduel</u> K <u>de</u> A <u>soit une extension algébrique radicielle de</u> k'.

En effet K est extension algébrique radicielle d'une extension de k admettant une base de transcendance séparante.

Avec les notations ci-dessus, on a $R \tilde{\otimes}_k A = (R \tilde{\otimes}_k k') \tilde{\otimes}_{k'} A$, où l'anneau $R \tilde{\otimes}_k k'$ est local hensélien noethérien (II 8.6) de profondeur $\geqslant 1$ et de corps résiduel k'. Ainsi, quitte à remplacer R par $R \tilde{\otimes}_k k'$, on peut supposer que K est une extension algébrique radicielle de k et que A et R sont henséliens.

Si de plus K est une extension finie de k, $R \tilde{\otimes}_k K$ est fini et plat sur R et il suffit de montrer que $(R \tilde{\otimes}_k A) \otimes_R (R \tilde{\otimes}_k K)$ est parafactoriel. Autrement dit on peut se ramener au cas où $k = K$. Mais alors $R \tilde{\otimes}_k A$, qui est par définition l'hensélisé de $R \otimes_k A$ relativement à l'idéal engendré par l'idéal maximal de R, est isomorphe à $A \tilde{\otimes}_k R$, l'hensélisé de $A \otimes_k R$ relativement à l'idéal engendré par l'idéal maximal de A. Or $A \tilde{\otimes}_k R$ est parafactoriel d'après la proposition 1.2 où l'on a échangé les rôles de A et R.

Malheureusement pour traiter le cas où K est une extension algébrique radicielle de k de degré infini, il va falloir procéder à un dévissage assez pénible.

(b) <u>Réduction au cas où</u> R <u>est réduit</u>. Soient $\mathfrak{J}$ un idéal de carré nul de $\underline{O}_U$ et $I = \Gamma(U,\mathfrak{J}) \cap R$, de sorte que $R' = R/I$ est de profondeur $\geqslant 1$. Soit V [resp. V'] l'ouvert de $\operatorname{Spec}(R \tilde{\otimes}_k A)$ [resp. $\operatorname{Spec}(R' \tilde{\otimes}_k A)$] complémentaire du point fermé. On a une suite exacte :

$$1 \to 1 + I \otimes_R \underline{O}_V \to \underline{O}_V^* \to \underline{O}_{V'}^* \to 1 ,$$

d'où une suite exacte de cohomologie :

$$H^1(V, I \otimes_R \underline{O}_V) \to \mathrm{Pic}(V) \to \mathrm{Pic}(V') .$$

De plus on a $H^1(V, I \otimes_R \underline{O}_V) = 0$. Cela résulte du fait que $\tilde{I}_A = I \otimes_R (R \tilde{\otimes}_k A)$ est un $R \tilde{\otimes}_k A$-module de profondeur $\geqslant 3$, cependant, $R \tilde{\otimes}_k A$ n'étant pas nécessairement noethérien, les références habituelles ne s'appliquent pas directement ; on applique les deux lemmes suivants.

LEMME 1.3.4.- <u>L'idéal maximal de</u> $R \tilde{\otimes}_k A$ <u>contient une suite</u> $\tilde{I}_A$<u>-régulière de longueur</u> 3.

<u>Démonstration.</u> Si x est un élément I-régulier dans l'idéal maximal de R et (y,z) une suite A-régulière dans l'idéal maximal de A , la suite (x,y,z) est $\tilde{I}_A$-régulière, car $R \tilde{\otimes}_k A$ est plat sur R et $\tilde{I}_A / x\tilde{I}_A = (I/xI) \otimes_R (R \tilde{\otimes}_k A)$ est plat sur A .

LEMME 1.3.5.- <u>Soient</u> A <u>un anneau commutatif</u>, M <u>un</u> A<u>-module et</u> (x_1,x_2,x_3) <u>une suite</u> M<u>-régulière. Alors, si</u> V <u>est un ouvert de</u> $\mathrm{Spec}(A)$ <u>contenant le complémentaire de</u> $V(x_1,x_2,x_3)$, <u>on a</u> $H^1(V,\tilde{M}) = 0$.

<u>Démonstration.</u> On notera $X = \mathrm{Spec}(A)$, $Y = V(x_1,x_2,x_3)$, $U = X-Y$ et $j : U \to V$. On a un isomorphisme canonique (cf. EGA III, §1)

$$H^i_Y(X,\tilde{M}) = \varinjlim_n H^i(\underline{x}^n, M) ,$$

où $H^i(\underline{x}^n,M)$ est la cohomologie du complexe (de cochaînes) de Koszul $K^o(x_1,x_2,x_3;M)$. Or, pour tout entier $n > 0$ la suite (x_1^n,x_2^n,x_3^n) est M-régulière, donc $H^i(\underline{x}^n,M) = 0$ pour $i \leqslant 2$ (cf. [49], IV.A.2, prop. 2). Il en résulte d'une part, que $H^1(U,\tilde{M}) = H^1(X,\tilde{M}) = 0$; d'autre part, que $j_*(\tilde{M}_{|U}) = \tilde{M}_{|V}$ et donc que l'application $H^1(V,\tilde{M}) \to H^1(U,\tilde{M})$ est injective.

Par récurrence sur l'entier r tel que (nilradical de $\underline{O}_U)^r = 0$, les considérations précédentes montrent qu'il suffit d'établir la proposition dans le cas où R est réduit.

(c) <u>Réduction au cas où</u> R <u>est essentiellement de type fini sur</u> k . On peut écrire $R = \varinjlim R_i$, où $\{R_i\}$ est un système inductif filtrant de k-algèbres locales henséliennes à corps résiduel k contenues dans R . On notera

$$F = \mathrm{Frac}(R) \ , \ F \tilde{\otimes}_k A = F \otimes_R (R \tilde{\otimes}_k A) \ , \ F \tilde{\otimes}_k K = F \otimes_R (R \tilde{\otimes}_k K) \ ,$$

$$F_i = \mathrm{Frac}(R_i) \ , \ F_i \tilde{\otimes}_k A = F_i \otimes_{R_i} (R_i \tilde{\otimes}_k A) \ , \ F_i \tilde{\otimes}_k K = F_i \otimes_{R_i} (R_i \tilde{\otimes}_k K) \ .$$

L'homomorphisme $F_i \to F$ est fidèlement plat, car R_i est réduit et contenu dans R ; donc les homomorphismes $F_i \tilde{\otimes}_k A \to F \tilde{\otimes}_k A$ et $F_i \tilde{\otimes}_k K \to F_i \tilde{\otimes}_k K$ sont plats. Ce dernier homomorphisme est même fidèlement plat, car les espaces topologiques sous-jacents à $\mathrm{Spec}(R_i)$ et $\mathrm{Spec}(R_i \tilde{\otimes}_k K)$ [resp. Spec(R) et $\mathrm{Spec}(R \tilde{\otimes}_k K)$] sont homéomorphes, puisque K est une extension radicielle de k et que R_i [resp. R] est hensélien.

On note W_o l'ouvert complémentaire du point fermé dans Spec(A) et W [resp. W_i] son image réciproque dans $\mathrm{Spec}(R \tilde{\otimes}_k A)$ [resp. $\mathrm{Spec}(R_i \tilde{\otimes}_k A)$] . Pour $\underline{p} \in \mathrm{Spec}(F \tilde{\otimes}_k K)$, on note $W_{\underline{p}}$ l'image réciproque de W_o dans le spectre du localisé de $F \tilde{\otimes}_k A$ en l'unique idéal premier dont l'image dans $F \tilde{\otimes}_k K$ est $\underline{p}$. On définit de même $W_{i\underline{q}}$ pour $\underline{q} \in \mathrm{Spec}(F_i \tilde{\otimes}_k K)$. D'après ce qui précède, quel que soit i , l'application canonique

$$(*) \qquad \prod_{\underline{q} \in \mathrm{Spec}(F_i \tilde{\otimes}_k K)} \mathrm{Pic}(W_{i\underline{q}}) \to \prod_{\underline{p} \in \mathrm{Spec}(F \tilde{\otimes}_k K)} \mathrm{Pic}(W_{\underline{p}})$$

est injective.

Comme A est de profondeur $\geqslant 2$ et que $R \tilde{\otimes}_k A$ est plat sur A , l'application canonique $\mathrm{Pic}(V) \to \mathrm{Pic}(W)$ est injective ; ainsi, pour montrer que $R \tilde{\otimes}_k A$ est parafactoriel, il suffit de montrer que l'application canonique

$$(**) \qquad \mathrm{Pic}(W) \to \prod_{\underline{p} \in \mathrm{Spec}(F \tilde{\otimes}_k K)} \mathrm{Pic}(W_{\underline{p}})$$

est injective.

On a $R \tilde{\otimes}_k A = \varinjlim (R_i \tilde{\otimes}_k A)$, donc $\mathrm{Pic}(W) = \varinjlim \mathrm{Pic}(W_i)$. L'injectivité des applications (*) montre que, pour vérifier l'injectivité de (**), il suffit de prouver que, quel que soit i , l'application

$$\mathrm{Pic}(W_i) \to \prod_{\underline{q} \in \mathrm{Spec}(F_i \tilde{\otimes}_k K)} \mathrm{Pic}(W_{i\underline{q}})$$

est injective ; autrement dit que l'application (**) est injective lorsque R est essentiellement de type fini sur k . Pour cela il suffit de montrer qu'en tout point de $\mathrm{Spec}(R \tilde{\otimes}_k A)$ se projetant sur le point fermé dans Spec(A) et sur un point non associé dans Spec(R) l'anneau local est parafactoriel.

LEMME 1.3.6.- Supposons R essentiellement de type fini sur k . Soient A une k-algèbre et $B = R \tilde{\otimes}_k A$. Soient $\underline{p} \in \mathrm{Spec}(B)$ et $\underline{q} = \underline{p} \cap R$. Soient R' l'hensélisé de R en q et B' l'hensélisé de B en p . Alors :

(i) il existe un sous-corps k' de R' contenant k tel que le corps résiduel de R' soit extension finie radicielle de k' ,

(ii) soient k" le corps résiduel de R' et A" l'hensélisé de $B \otimes_R k''$ en $\underline{p}$, alors $R'' = R' \otimes_{k'} k''$ est local à corps résiduel k" et il existe un R"-isomorphisme $B' \otimes_{R'} R'' \simeq R'' \tilde{\otimes}_{k''} A''$.

Démonstration. (i) résulte de 1.3.3 puisque le corps résiduel de R' est une extension de type fini de k .

(ii) Soient $B_o = R \otimes_k A$ et $\underline{p}_o = \underline{p} \cap B_o$ et soit B''_o le localisé de $B_o \otimes_R R''$ en $\underline{p}_o$. Alors $B' \otimes_{R'} R''$ et $R'' \tilde{\otimes}_{k''} A''$ sont des B''_o-algèbres locales ind-étales dont les extensions résiduelles sont isomorphes, de plus ce sont des anneaux locaux henséliens ; ils sont donc B''_o-isomorphes (cf. [42], chap. VIII, prop. 1).

Si de plus $\underline{p}$ est un point de $\mathrm{Spec}(R \tilde{\otimes}_k A)$ se projetant sur le point fermé dans Spec(A) et sur un point non associé dans Spec(R) , on a $\mathrm{prof}(R'') \geq 1$ et $\mathrm{prof}(A'') \geq 2$. Pour montrer que $(R \tilde{\otimes}_k A)_{\underline{p}}$ est parafactoriel, il suffit de montrer que $R'' \tilde{\otimes}_{k''} A''$ est parafactoriel ; autrement dit, il suffit de démontrer la proposition dans le cas où R est essentiellement de type fini sur k .

(d) Réduction au cas où R est normal.

LEMME 1.3.7.- Soient R un anneau local noethérien d'idéal maximal $\underline{m}$ et B une R-algèbre locale noethérienne plate sur R telle que $\mathrm{prof}(B/\underline{m}B) \geq 2$. Soient

R' <u>une</u> R-<u>algèbre finie contenant</u> R <u>et</u> $B' = B \otimes_R R'$. <u>Soient</u> V <u>l'ouvert complémentaire du point fermé dans</u> $\mathrm{Spec}(B)$ <u>et</u> V' <u>son image réciproque dans</u> $\mathrm{Spec}(B')$. <u>Alors l'application canonique</u> $\mathrm{Pic}(V) \to \mathrm{Pic}(V')$ <u>est injective.</u>

<u>Démonstration.</u> Pour toute R-algèbre finie artinienne Λ , on notera V_Λ l'image réciproque de V dans $\mathrm{Spec}(B \otimes_R \Lambda)$. Puisque B est plat sur R et $\mathrm{prof}(B/\underline{m}B) \geqslant 2$, l'application canonique $\mathrm{Pic}(V) \to \varprojlim \mathrm{Pic}(V_{R/\underline{m}^n})$ est injective (II 6). Pour démontrer le lemme, il suffit donc de montrer que, pour tout homomorphisme injectif de R-algèbres finies artiniennes $\Lambda_1 \to \Lambda_2$, l'application canonique $\mathrm{Pic}(V_{\Lambda_1}) \to \mathrm{Pic}(V_{\Lambda_2})$ est injective (I 1.7).

On se ramène facilement par extension fidèlement plate de Λ_1 au cas où les extensions résiduelles de $\Lambda_1 \to \Lambda_2$ sont triviales. Or, si $\Lambda \to \Lambda' \to \Lambda_0$ est une situation de déformation de R-algèbres finies artiniennes et si $M = \mathrm{Ker}\{\Lambda \to \Lambda'\}$, on a $H^1(V_{R/\underline{m}}, \underline{O}_V) \otimes_{R/\underline{m}} M = \mathrm{Ker}\{\mathrm{Pic}(V_\Lambda) \to \mathrm{Pic}(V_{\Lambda'})\}$. Ainsi le foncteur sur les R-algèbres finies artiniennes $\Lambda \mapsto \mathrm{Pic}(V_\Lambda)$ vérifie l'hypothèse du lemme I 1.6 , d'où l'assertion.

LEMME 1.3.8.- <u>Soient</u> k <u>un corps et</u> R <u>une</u> k-<u>algèbre locale essentiellement de type fini sur</u> k <u>et à corps résiduel</u> k . <u>Alors il existe une extension finie</u> k' <u>de</u> k <u>telle que les corps résiduels en les idéaux maximaux du normalisé de</u> $(R \otimes_k k')_{red}$ <u>soient tous isomorphes à</u> k'.

Par des arguments standards de passage à la limite inductive, cela résulte du fait que, si $\bar{k}$ est une clôture algébrique de k , le normalisé de $(R \otimes_k \bar{k})_{red}$ est fini sur $(R \otimes_k \bar{k})_{red}$ (cf. [7], chap. V, §3, n° 2).

(e) <u>Fin de la démonstration.</u> D'après ce qui précède, il suffit de démontrer la proposition dans le cas où R est <u>normal</u>. Alors, si $\dim(R) \geqslant 2$, on a $\mathrm{prof}(R) \geqslant 2$ et $R \tilde{\otimes}_k A$ est parafactoriel d'après 1.2. Si $\dim(R) = 1$, on a $R \hat{\otimes}_k A \simeq A[[T]]$ avec $\mathrm{prof}(A) \geqslant 2$, donc $R \hat{\otimes}_k A$ est parafactoriel (II 9.1) et $R \tilde{\otimes}_k A$ l'est par descente fidèlement plate.

<u>Remarque</u> 1.4.- Il y a une certaine analogie entre le dévissage ci-dessus et celui que nous avons fait au paragraphe I 1 sur la condition de représentabilité de la

section unité par une immersion fermée. On aurait d'ailleurs pu éviter le dévissage précédent en définissant le foncteur de Picard local dans un cadre un peu plus général : on ne supposerait plus que k est un corps de représentants dans R, mais seulement un sous-corps de R tel que le corps résiduel de R soit une extension radicielle (pas nécessairement finie) de k.

COROLLAIRE 1.5.- _Soient_ k _un corps,_ S _et_ T _deux_ k-_schémas noethériens dont l'un est de type fini sur_ k. _Soit_ x _un point de_ $X = S \times_k T$ _tel que l'image_ s _de_ x _dans_ S _n'est pas un point associé,_ x _n'est pas un point associé dans sa fibre_ X_s _et_ $\mathrm{prof}(\underline{O}_{X,x}) \geq 3$. _Alors l'anneau local_ $\underline{O}_{X,x}$ _est géométriquement parafactoriel._

Démonstration. Le lemme 1.3.6 montre qu'on peut trouver une algèbre locale finie et plate sur l'hensélisé de $\underline{O}_{X,x}$ ayant la structure d'un produit tensoriel hensélisé $R'' \tilde{\otimes}_{k''} A''$ avec $\mathrm{prof}(R'') \geq 1$, $\mathrm{prof}(A'') \geq 1$ et $\mathrm{prof}(R'' \tilde{\otimes}_{k''} A'') \geq 3$. Cet anneau $R'' \tilde{\otimes}_{k''} A''$ est géométriquement parafactoriel d'après 1.2 ou 1.3 ; il en est de même de $\underline{O}_{X,x}$ par descente fidèlement plate.

COROLLAIRE 1.6.- _Soient_ k _un corps,_ S _et_ T _deux_ k-_schémas noethériens dont l'un est de type fini sur_ k. _Supposons que_ S _est normal et que_ T _est géométriquement normal sur_ k. _Soit_ x _un point de_ $X = S \times_k T$ _dont l'image_ s _dans_ S _n'est pas un point générique et qui n'est pas un point générique dans sa fibre_ X_s. _Alors l'anneau local_ $\underline{O}_{X,x}$ _est géométriquement parafactoriel._

Démonstration. Dans les cas qui ne relèvent pas du corollaire précédent, l'anneau $\underline{O}_{X,x}$ est régulier de dimension ≥ 2.

On retrouve ainsi un résultat que C. Seshadri (cf. [50] et EGA IV, 21.14.4.iv) démontrait en utilisant la théorie du schéma de Picard.

La démonstration des propositions 1.2 et 1.3 n'utilise pas les résultats de R. Elkik ; il n'en est plus de même si l'on veut obtenir des énoncés relatifs aux produits tensoriels complétés. On utilise alors la proposition suivante.

PROPOSITION 1.7.- <u>Soit</u> (B,I) <u>un couple hensélien. Supposons que</u> B <u>est plat sur un anneau noethérien</u> B_0 , <u>qu'il existe un idéal</u> I_0 <u>de</u> B_0 <u>tel que</u> $I = I_0B$ <u>et que le complété</u> $\bar{B}$ <u>de</u> B <u>pour la topologie</u> I-<u>adique est noethérien. Soient</u> J <u>un idéal de</u> B <u>contenant</u> I <u>et</u> $\bar{M}$ <u>un</u> $\bar{B}$-<u>module de type fini localement libre au-dessus de l'ouvert</u> $\bar{V} = \mathrm{Spec}(\bar{B}) - V(J\bar{B})$. <u>Alors il existe un</u> B-<u>module de type fini</u> M <u>localement libre au-dessus de l'ouvert</u> $V = \mathrm{Spec}(B) - V(J)$ <u>tel que</u> $M \otimes_B \bar{B}$ <u>soit</u> $\bar{B}$-<u>isomorphe à</u> $\bar{M}$.

<u>En particulier l'application canonique</u> $\mathrm{Pic}(V) \to \mathrm{Pic}(\bar{V})$ <u>est surjective.</u>

<u>Démonstration</u>. Il s'agit seulement de constater que le module M construit en suivant la méthode de R. Elkik [21] est localement libre aux points de $V(I) - V(J)$. Soit

$$\bar{B}^p \xrightarrow{(\bar{b}_{ij})} \bar{B}^q \longrightarrow \bar{M} \longrightarrow 0$$

une présentation de $\bar{M}$. D'après R. Elkik (loc. cit., th. 3 et remarque 2(b) page 587), pour tout entier $n > 0$, il existe une matrice $(b_{ij}) \in B^{p\times q}$ telle que $b_{ij} \equiv \bar{b}_{ij} \mod(I^n)$ et que le B-module M défini par la présentation

$$B^p \xrightarrow{(b_{ij})} B^q \longrightarrow M \longrightarrow 0$$

soit localement libre au-dessus de l'ouvert $\mathrm{Spec}(B) - V(I)$ (et sur chaque composante connexe de cet ouvert du même rang que sur la composante connexe correspondante de $\mathrm{Spec}(\bar{B}) - V(I\bar{B})$) .

Soit T_0 l'idéal des sections de B_0 à support dans $V(I_0)$; puisque B_0 est noethérien, il existe d'après le lemme d'Artin-Rees un entier ℓ tel que $T_o \cap I_o^{\ell} = 0$. Puisque B est plat sur B_0 et $I = I_0B$, l'idéal T des sections de B à support dans $V(I)$ est égal à T_0B et on a $T \cap I^{\ell} = 0$.

Alors si $n \geqslant \ell$, le module M précédent est localement libre au-dessus de $\mathrm{Spec}(B) - V(J)$. En effet soient x un point de $V(I) - V(J)$ et $(b_{ij})_x$ l'image de (b_{ij}) dans l'anneau local B_x de B en x . Soit r le rang de M en x .

Comme on a $b_{ij} \equiv \bar{b}_{ij} \mod(I^n)$, l'un des mineurs de rang $q-r$ de $(b_{ij})_x$ est inversible et, si Δ_x est l'idéal de B_x engendré par les mineurs de rang $q-r+1$ de $(b_{ij})_x$, on a $\Delta_x \subset I^n B_x$. De plus, comme M est localement libre en dehors de $V(I)$ (et du bon rang), on a aussi $\Delta_x \subset TB_x$. D'où, puisque $n \geqslant \ell$, $\Delta_x = 0$; autrement dit M est libre de rang r au-dessus d'un voisinage de x .

Enfin, si n est assez grand, $M \otimes_B \bar{B}$ est $\bar{B}$-isomorphe à $\bar{M}$ (loc. cit., III, lemme 5).

Des propositions 1.2 , 1.3 et 1.7 , il résulte

PROPOSITION 1.8.- Soit A une k-algèbre locale noethérienne. Supposons que l'une des conditions suivantes est vérifiée :

(i) $\text{prof}(R) \geqslant 2$ et $\text{prof}(A) \geqslant 1$,

(ii) $\text{prof}(R) \geqslant 1$ et $\text{prof}(A) \geqslant 2$.

Alors l'anneau local $R \hat{\otimes}_k A$ est géométriquement parafactoriel.

Pour compléter le tableau, rappelons un résultat connu (SGA II, chap. XII, cor. 4.8) :

PROPOSITION 1.9.- Soit $R \to B$ un homomorphisme local et plat d'anneaux locaux noethériens. Soient k le corps résiduel de R et $B_0 = B \otimes_R k$. Supposons que B_0 est parafactoriel et que $\text{prof}(B_0) \geqslant 3$. Alors B est parafactoriel.

2. Parafactorialité des algèbres formellement lisses.

Pour appliquer les résultats du paragraphe 1 aux algèbres formellement lisses, nous utiliserons le lemme suivant :

LEMME 2.1.- *Soit* R *un anneau local noethérien contenant un corps. Soient* $\underline{m}$ *l'idéal maximal de* R , $\hat{R}$ *le complété de* R *pour la topologie* $\underline{m}$*-adique et* $k \simeq R/\underline{m}$ *un corps de représentants dans* $\hat{R}$. *Soit* B *une* R*-algèbre locale noethérienne formellement lisse,* $\hat{B}$ *le complété de* B *pour la topologie* $\underline{m}$*-adique et* $B_0 = B/\underline{m}B$. *Alors* $\hat{B}$ *est* $\hat{R}$*-isomorphe à* $\hat{R} \hat{\otimes}_k B_0$.

Démonstration. Les anneaux locaux noethériens $\hat{B}$ et $B' = \hat{R} \hat{\otimes}_k B_0$ sont des $\hat{R}$-algèbres locales plates (par le critère de platitude supérieure, cf. [7] chap. III, §5) telles que $\hat{B}/\underline{m}\hat{B}$ et $B'/\underline{m}B'$ soient k-isomorphes à la k-algèbre formellement lisse B_0 . Par suite $\hat{B}$ et B' sont des $\hat{R}$-algèbres formellement lisses (EGA 0_{IV}, 19.7.1). De plus $\hat{B}$ et B' sont tous deux complets pour la topologie $\underline{m}$-adique, ils sont donc $\hat{R}$-isomorphes (EGA 0_{IV}, 19.7.1.5).

PROPOSITION 2.2.- *Soit* R *un anneau local noethérien contenant un corps. Soit* B *une* R*-algèbre locale noethérienne formellement lisse telle que* $\dim(B) > \dim(R)$ *et* $\text{prof}(B) \geqslant 3$. *Alors* B *est géométriquement parafactoriel.*

Démonstration. Un hensélisé strict de B est formellement lisse sur B , donc aussi sur R (EGA 0_{IV}, 19.3.5) sa dimension et sa profondeur sont les mêmes que celles de B , on peut donc supposer que B est strictement hensélien. De plus, avec les notations du lemme 2.1 , on a $\hat{B} = \hat{R} \hat{\otimes}_k B_0$ et, $\hat{B}$ étant fidèlement plat sur B , il suffit de montrer que $\hat{B}$ est parafactoriel.

Par hypothèse B_0 est une k-algèbre formellement lisse, donc un anneau local régulier (EGA 0_{IV}, 22.5.8). De plus on a $\dim(B_0) \geqslant 1$, donc $\text{prof}(B_0) \geqslant 1$, et $\text{prof}(B) = \text{prof}(B_0) + \text{prof}(R) \geqslant 3$. Si $\text{prof}(R) \geqslant 1$, $\hat{B}$ est parafactoriel d'après 1.8. Si $\text{prof}(R) = 0$, on a $\text{prof}(B_0) \geqslant 3$ et B_0 est parafactoriel (puisque régulier), $\hat{B}$ est parafactoriel d'après 1.9.

LEMME 2.3.- <u>Soient A un anneau local noethérien complet, B un anneau semi-local noethérien et f : Spec(B) → Spec(A) un morphisme local et plat dont la fibre fermée est sans composantes immergées. Alors</u> :

(i) <u>Toutes les fibres de f sont sans composantes immergées.</u>

(ii) <u>L'intersection avec la fibre fermée de l'adhérence dans Spec(B) d'une composante irréductible d'une fibre de f est une réunion de composantes irréductibles de la fibre fermée.</u>

<u>Démonstration.</u> On procède par récurrence sur la dimension de A. On peut supposer A intègre et il suffit de montrer qu'alors la fibre générique de f a les propriétés voulues. Soient A' la clôture intégrale de A, $B' = B \otimes_A A'$ et $f' : \mathrm{Spec}(B') \to \mathrm{Spec}(A')$. Puisque A est complet, A' est une A-algèbre finie locale (EGA 0_{IV}, 23.1.5). Pour montrer que la fibre générique de f a les propriétés voulues, il suffit de montrer que Spec(B') est sans composantes immergées et que l'intersection avec la fibre fermée de f' d'une composante irréductible de Spec(B') est une réunion de composantes irréductibles de la fibre fermée.

Soit $t \neq 0$ un élément de l'idéal maximal de A' ; alors Spec(A'/t) est sans composantes immergées, $\dim(A'/t) < \dim(A)$ et le morphisme $\mathrm{Spec}(B'/t) \to \mathrm{Spec}(A'/t)$ vérifie les hypothèses du lemme. Par récurrence sur la dimension, on peut donc supposer que Spec(B'/t) est sans composantes immergées et que l'intersection avec la fibre fermée de f' d'une composante irréductible de Spec(B'/t) est une réunion de composantes irréductibles de la fibre fermée. Puisque t est non diviseur de zéro dans B' et que $V(t) \simeq \mathrm{Spec}(B'/t)$ est sans composantes immergées, Spec(B') est aussi sans composantes immergées et l'intersection avec V(t) d'une composante irréductible de Spec(B') est une réunion de composantes irréductibles de V(t) (EGA IV, 3.4.4), d'où le lemme.

COROLLAIRE 2.4.- <u>Soient A et B deux anneaux locaux noethériens et</u> f : Spec(B) → Spec(A) <u>un morphisme local et plat dont la fibre fermée est irréductible et sans composantes immergées. Alors l'adhérence dans</u> Spec(B) <u>de toute composante irréductible d'une fibre de f contient la fibre fermée.</u>

Les résultats précédents permettent d'éliminer l'hypothèse sur l'extension résiduelle du théorème II 9.7 et de son corollaire (théorème de Ramanujam-Samuel) dans le cas d'anneaux contenant un corps :

PROPOSITION 2.5.- Soient A un anneau local noethérien contenant un corps, $\underline{m}$ l'idéal maximal de A et B une A-algèbre locale noethérienne formellement lisse sur A. Alors pour tout idéal premier $\underline{q}$ de B tel que $\underline{q} \not\subset \underline{m}B$ et $\mathrm{prof}(B_{\underline{q}}) \geqslant 3$, l'anneau $B_{\underline{q}}$ est géométriquement parafactoriel.

Démonstration. Par descente fidèlement plate, il suffit de démontrer la proposition lorsque A et B sont complets pour la topologie $\underline{m}$-adique. Alors le morphisme $\mathrm{Spec}(B) \to \mathrm{Spec}(A)$ est régulier (cf. M. André [4]) ; par suite pour tout idéal premier $\underline{q}$ de B, $B_{\underline{q}}$ est formellement lisse sur $A_{\underline{q} \cap A}$. De plus si $\underline{q} \not\subset \underline{m}B$, le corollaire 2.4 montre que $\dim(B_{\underline{q}}) > \dim(A_{\underline{q} \cap A})$. Ainsi, si $\mathrm{prof}(B_{\underline{q}}) \geqslant 3$, $B_{\underline{q}}$ est géométriquement parafactoriel d'après 2.2.

PROPOSITION 2.6.- Soient A un anneau local noethérien contenant un corps, $\underline{m}$ l'idéal maximal de A et B une A-algèbre locale noethérienne formellement lisse sur A. Supposons de plus que le complété de A est normal. Alors pour tout idéal premier $\underline{q}$ de B tel que $\underline{q} \not\subset \underline{m}B$ et $\dim(B_{\underline{q}}) \geqslant 2$, l'anneau $B_{\underline{q}}$ est géométriquement parafactoriel.

Démonstration. On peut supposer A complet, de sorte que le morphisme $\mathrm{Spec}(B) \to \mathrm{Spec}(A)$ est régulier. D'après ce qui précède, le seul cas qui reste à traiter est celui où $\mathrm{prof}(B_{\underline{q}}) = 2$. Dans ce cas on a $\mathrm{prof}(A_{\underline{q} \cap A}) \leqslant 1$, donc $A_{\underline{q} \cap A}$ est régulier ; par suite $B_{\underline{q}}$ est régulier, donc géométriquement parafactoriel.

Considérons maintenant le cas où la fibre spéciale est de dimension zéro. Soient comme d'habitude k un corps et R une k-algèbre locale noethérienne à corps résiduel k. Soient R' un anneau local noethérien complet et $\varphi : R \to R'$ un homomorphisme local et plat tel que $R'/\underline{m}R'$ soit un corps k' extension séparable de k ; autrement dit R' est une R-algèbre de Cohen (EGA 0_{IV}, 19.8.1). On sait que R' possède un corps de représentants contenant k (EGA 0_{IV}, 19.6.2).

PROPOSITION 2.7.- Si R' est une R-algèbre de Cohen, le choix d'un corps de représentants k' de R' contenant k détermine un isomorphisme

$\underline{\mathrm{Picloc}}_{R'/k'} \simeq \underline{\mathrm{Picloc}}_{R/k} \otimes_k k'$.

[Si F est un foncteur contravariant sur les k-schémas et K une k-algèbre, on note $F \otimes_k K$ la restriction de F à la catégorie des K-schémas. Il est clair que si F est représentable par un k-schéma X et un élément ξ de $F(X)$, $F \otimes_k K$ est représentable par le K-schéma $X \otimes_k K$ et l'image de ξ dans $F(X \otimes_k K)$].

Démonstration. Le choix d'un corps de représentants k' de R' détermine un R-isomorphisme $u : R \hat{\otimes}_k k' \to R'$ (EGA 0_{IV}, 19.7.1.4). Par suite pour toute k'-algèbre A on a un isomorphisme fonctoriel en A : $R \tilde{\otimes}_k A = (R \hat{\otimes}_k k') \tilde{\otimes}_{k'} A \simeq R' \hat{\otimes}_{k'} A$. Si on note U [resp. U'] l'ouvert complémentaire du point fermé dans $\mathrm{Spec}(R)$ [resp. $\mathrm{Spec}(R')$] , le choix de k' définit donc un isomorphisme fonctoriel en A : $\mathrm{Pic}(\hat{U}_A) \simeq \mathrm{Pic}(\hat{U}'_A)$. De plus les applications canoniques $\mathrm{Pic}(\tilde{U}_A) \to \mathrm{Pic}(\hat{U}_A)$ et $\mathrm{Pic}(\tilde{U}'_A) \to \mathrm{Pic}(\hat{U}'_A)$ sont bijectives (II 7.2) ; d'où par passage au faisceau associé, un isomorphisme fonctoriel en la k'-algèbre A : $\underline{\mathrm{Picloc}}_{R/k}(A) \simeq \underline{\mathrm{Picloc}}_{R'/k'}(A)$.

LEMME 2.8.- Soient k un corps, k^s une clôture séparable de k et G un foncteur en groupes sur les k-algèbres. On suppose

(i) G est localement de présentation finie,

(ii) la section unité de G est représentable par une immersion fermée,

(iii) G est un faisceau étale et $G(k^s) = 0$.

Alors pour toute k-algèbre séparable A , on a $G(A) = 0$.

Démonstration. Compte-tenu de (i), on se ramène par passage à la limite inductive au cas où A est une k-algèbre séparable de type fini. Alors il existe un ouvert dense de $\mathrm{Spec}(A)$ qui est lisse sur k et donc un ensemble dense de points fermés s de $\mathrm{Spec}(A)$ dont le corps résiduel $k(s)$ est une extension finie séparable de k . En de tels points, on a $G(k(s)) = 0$ d'après (iii) ; par suite $G(A) = 0$ d'après (ii), d'où le lemme.

PROPOSITION 2.9.- <u>Soient</u> R <u>un anneau local noethérien contenant un corps et</u> R' <u>une</u> R-<u>algèbre de Cohen</u>. <u>Supposons que</u> R <u>est géométriquement parafactoriel, alors il en est de même de</u> R'.

<u>Démonstration</u>. On peut supposer R complet (d'après R. Elkik [21] th. 3) et choisir un corps de représentants k de R et un corps de représentants k' de R' contenant k . Il s'agit alors de montrer qu'on a $\underline{\text{Picloc}}_{R/k}(k'^{s}) = 0$. Le foncteur $\underline{\text{Picloc}}_{R/k}$ est localement de présentation finie (II 1.3) ; comme R est parafactoriel, on a $\text{prof}(R) \geqslant 2$ et la section unité de $\underline{\text{Picloc}}_{R/k}$ est représentable par une immersion fermée (II 6.6) ; enfin, comme R est géométriquement parafactoriel, on a $\underline{\text{Picloc}}_{R/k}(k^{s}) = 0$. On conclut en appliquant le lemme 2.8.

PROPOSITION 2.10.- <u>Soient</u> R <u>un anneau local noethérien contenant un corps et</u> R' <u>une</u> R-<u>algèbre de Cohen</u>. <u>Supposons</u> R <u>strictement hensélien et</u> $\text{prof}(R) \geqslant 3$. <u>Soit</u> U [resp. U'] <u>l'ouvert complémentaire du point fermé dans</u> Spec(R) [resp. Spec(R')] . <u>Alors l'application canonique</u> $\text{Pic}(U) \to \text{Pic}(U')$ <u>est bijective</u>.

<u>Démonstration</u>. Comme ci-dessus, on peut supposer R complet et choisir un corps de représentants k de R et un corps de représentants k' de R' contenant k . Il s'agit alors de montrer qu'on a $\underline{\text{Picloc}}_{R/k}(k) = \underline{\text{Picloc}}_{R/k}(k')$. Or, d'après II 7.8 et l'hypothèse $\text{prof}(R) \geqslant 3$, le foncteur $\underline{\text{Picloc}}_{R/k}$ est représentable par un k-schéma en groupes étale ; d'où l'assertion puisque k est séparablement clos.

DÉFINITION 2.11.- On dit qu'un schéma localement noethérien X est <u>localement géométriquement factoriel</u> si pour tout $x \in X$ l'hensélisé strict de l'anneau local $\underline{O}_{X,x}$ est factoriel.

<u>Exemples</u> 2.12.- (i) Un schéma régulier est localement géométriquement factoriel (Auslander-Buchsbaum).

(ii) Un schéma noethérien localement intersection complète et régulier en codimension $\leqslant 3$ est localement géométriquement factoriel (conjecture de Samuel, cf. SGA 2, XI, 3.14).

PROPOSITION 2.13.- *Un schéma localement noethérien* X *est localement géométriquement factoriel si et seulement si* X *est normal et pour tout* $x \in X$ *tel que* $\dim(\underline{O}_{X,x}) \geqslant 2$ *l'anneau* $\underline{O}_{X,x}$ *est géométriquement parafactoriel.*

Démonstration. Si A est un anneau local et A^{hs} un hensélisé strict de A, le localisé de A^{hs} en un idéal premier $\underline{p}$ est une algèbre locale ind-étale sur le localisé de A en $\underline{p} \cap A$; de plus A est normal si et seulement si A^{hs} l'est. Enfin un anneau local est factoriel si et seulement si il est normal et que ses localisés en les idéaux premiers de hauteur $\geqslant 2$ sont parafactoriels.

PROPOSITION 2.14.- *Soit* $f : X \to S$ *un morphisme régulier [i.e. plat à fibres géométriquement régulières] de schémas localement noethériens d'égale caractéristique. Alors, si* S *est localement géométriquement factoriel, il en est de même de* X.

Démonstration. Si S est normal, X est normal et régulier en les points dont l'image dans S est de hauteur $\leqslant 1$. Ainsi la proposition résulte des propositions 2.2 et 2.9.

3. Cas analytique complexe.

Dans ce paragraphe on considère le cas où R est l'anneau local $\underline{O}_{X,x}$ d'un germe d'espace analytique complexe (X,x) .

3.1.- Si T est un espace analytique complexe, F un faisceau analytique cohérent sur T et m un entier, on note $S_m(F) = \{t \in T / \mathrm{prof}_t(F) \leqslant m\}$. On sait que $S_m(F)$ est un sous-ensemble analytique fermé de T et que $\dim S_m(F) \leqslant m$ (cf. Scheja [45] ou Siu-Trautmann [52]). On dit que F vérifie la condition (s_m) si $\dim S_m(F) \leqslant m-2$. En particulier, on note $S_m(T) = S_m(\underline{O}_T)$ et on dit que T vérifie la condition (s_m) si $\dim S_m(T) \leqslant m-2$.

La proposition suivante est un cas particulier du théorème de finitude de la cohomologie locale des faisceaux analytiques cohérents (Siu-Trautmann [52], th. 3.5 et rem. 3.7) et du théorème correspondant en géométrie algébrique (Grothendieck [27], VIII.II.3) :

PROPOSITION 3.2.- Les conditions suivantes sont équivalentes :

(i) Les R-modules $H^1_{\underline{m}}(R)$ et $H^2_{\underline{m}}(R)$ sont de type fini.

(ii) Les faisceaux $\underline{H}^1_x(\underline{O}_X)$ et $\underline{H}^2_x(\underline{O}_X)$ sont cohérents.

(iii) (X,x) vérifie la condition (s_2), autrement dit $S_2(X,x) = x$ ou $\emptyset$.

Lorsque ces conditions sont vérifiées, on a $H^i_{\underline{m}}(R) = (\underline{H}^i_x(\underline{O}_X))_x$ pour $i \leqslant 2$.

Remarques 3.3.- a) Ces conditions sont vérifiées en particulier lorsque (X,x) est normal de dimension $\geqslant 3$.

b) Si ces conditions sont vérifiées, le foncteur $\underline{\mathrm{Picloc}}_{R/\mathbb{C}}$ est représentable par un $\mathbb{C}$-schéma en groupes localement de type fini (II 7.8).

Rappelons maintenant un théorème de prolongement de faisceaux analytiques cohérents dû indépendamment à Frisch-Guenot [23] et Siu [51], généralisant un résultat antérieur de Trautmann [53] (voir aussi [20]).

THÉORÈME 3.4 (Frisch-Guenot [23], VII.4).- Soient T un espace analytique, S un sous-ensemble analytique de T, F un faisceau analytique cohérent sur $T-S$, i l'injection de $T-S$ dans T. On suppose qu'il existe un entier p tel que

(i) $\dim S \leqslant p$;

(ii) F vérifie la condition (s_m) pour tout entier $m \leqslant p+2$.

Alors i_*F est cohérent et vérifie la condition (s_m) pour $m \leqslant p+2$.

COROLLAIRE 3.5.- Supposons que (X,x) vérifie la condition (s_2). Soient Z un espace analytique, F un faisceau localement libre sur $X \times Z - x \times Z$ et i l'injection de $X \times Z - x \times Z$ dans $X \times Z$. Alors i_*F est cohérent et vérifie la condition (s_m) pour $m \leqslant 2$.

Démonstration. Quitte à remplacer X par un voisinage ouvert assez petit de x, on peut supposer que $S_2(X-x) = \emptyset$.

On convient de noter $S_{-1}(Z) = \emptyset$ et, pour tout entier q, $0 \leqslant q \leqslant n = \dim(Z)$, on note i_q l'inclusion de $X \times Z - x \times S_q(Z)$ dans $X \times Z - x \times S_{q-1}(Z)$, de sorte qu'on a $i = i_0 \circ i_1 \circ \ldots \circ i_n$. On définit pour $-1 \leqslant q \leqslant n$, un faisceau F_q sur $X \times Z - x \times S_q(Z)$ en posant $F_n = F$ et $F_{q-1} = i_{q*} F_q$. On note (P_q) la propriété : "F_q est cohérent et $F|X \times (Z - S_q(Z))$ vérifie la condition (s_m) pour $m \leqslant q+3$". Il est clair que (P_n) est vrai, puisque $Z = S_n(Z)$, et la conclusion que l'on veut établir est la propriété (P_{-1}), puisque $F_{-1} = i_*F$. Il suffit donc de démontrer l'implication $(P_q) \Longrightarrow (P_{q-1})$ pour $0 \leqslant q \leqslant n$.

La question de la cohérence de F_{q-1} est locale en $x \times (Z - S_{q-1}(Z))$; on peut donc pour vérifier (P_{q-1}) supposer, quitte à remplacer Z par $Z - S_{q-1}(Z)$, que $S_{q-1}(Z) = \emptyset$. On a alors $S_m((X-x) \times Z) = \emptyset$ pour $m \leqslant q+2$ et, puisque F est localement libre sur $(X-x) \times Z$, on a aussi $S_m(F) = \emptyset$ pour $m \leqslant q+2$, en particulier $F = F_q|(X-x) \times Z$ vérifie la condition (s_m) pour $m \leqslant q+2$. De plus, d'après l'hypothèse de récurrence (P_q), $F_q|X \times (Z - S_q(Z))$ vérifie la condition (s_m) pour $m \leqslant q+3$; donc F_q vérifie la condition (s_m) pour $m \leqslant q+2$. Comme $\dim(x \times S_q(Z)) \leqslant q$, le théorème assure que $F_{q-1} = i_{q*} F_q$ est cohérent et vérifie la condition (s_m) pour $m \leqslant q+2$, ce qui achève la démonstration.

PROPOSITION 3.6.- <u>Supposons que</u> (X,x) <u>vérifie la condition</u> (s_2). <u>Alors, pour tout germe d'espace analytique</u> (Z,z) , <u>on a un isomorphisme canonique</u> $\underline{\mathrm{Picloc}}_{R/\mathbb{C}}(\underline{O}_{Z,z}) \simeq (\underline{H}^2_{x\times Z}(\underline{O}^*_{X\times Z}))_{x\times z}$.

<u>Démonstration.</u> L'anneau local $\underline{O}_{X\times Z,x\times z}$ est hensélien, par suite l'homomorphisme canonique $R\otimes_{\mathbb{C}}\underline{O}_{Z,z} \to \underline{O}_{X\times Z,x\times z}$ se factorise à travers $R\,\tilde{\otimes}_{\mathbb{C}}\underline{O}_{Z,z}$; de plus le complété de $\underline{O}_{X\times Z,x\times z}$ pour la topologie $\underline{m}$-adique ($\underline{m}$ = idéal maximal de R) est $R\,\hat{\otimes}_{\mathbb{C}}\underline{O}_{Z,z}$. Soient respectivement $\tilde{V}$, V et $\hat{V}$ les images réciproques de U , l'ouvert complémentaire du point fermé de $\mathrm{Spec}(R)$ dans $\mathrm{Spec}(R\,\tilde{\otimes}_{\mathbb{C}}\underline{O}_{Z,z})$, $\mathrm{Spec}(\underline{O}_{X\times Z,x\times z})$ et $\mathrm{Spec}(R\,\hat{\otimes}_{\mathbb{C}}\underline{O}_{Z,z})$. D'après II 7.1 l'application canonique $\mathrm{Pic}(\tilde{V}) \to \mathrm{Pic}(\hat{V})$ est bijective ; de plus, comme $\underline{O}_{X\times Z,x\times z}$ est noethérien, $R\,\hat{\otimes}_{\mathbb{C}}\underline{O}_{Z,z}$ est fidèlement plat sur $\underline{O}_{X\times Z,x\times z}$ et par suite l'application canonique $\mathrm{Pic}(V) \to \mathrm{Pic}(\hat{V})$ est injective (II 2.3). Ainsi les applications $\mathrm{Pic}(\tilde{V}) \to \mathrm{Pic}(V) \to \mathrm{Pic}(\hat{V})$ sont bijectives et $\underline{\mathrm{Picloc}}_{R/\mathbb{C}}(\underline{O}_{Z,z})$ s'identifie à $\mathrm{Pic}(V)$.

Il s'agit maintenant d'identifier $\mathrm{Pic}(V)$ à $(\underline{H}^2_{x\times Z}(\underline{O}^*_{X\times Z}))_{x\times z}$. On notera $\underline{P}(Z,z)$ ce dernier groupe et, si W est un voisinage ouvert variable de $x\times z$ dans $X\times Z$, on notera $S = W\cap x\times Z$ et j l'inclusion de $W-S$ dans W . On a $\underline{P}(Z,z) = \varinjlim_{W} \mathrm{Pic}(W-S)$.

Si L est un faisceau inversible sur V , le $\underline{O}_{X\times Z,x\times z}$-module $M = \Gamma(V,L)$ est de type fini ; en effet $\Gamma(V,\underline{O}_V) = \Gamma(U,\underline{O}_U)\otimes_R\underline{O}_{X\times Z,x\times z}$ est un $\underline{O}_{X\times Z,x\times z}$-module de type fini puisque (X,x) vérifie la condition (s_1). Il existe donc un W comme ci-dessus et un $\underline{O}_W$-Module cohérent $\underline{M}$ tel que $\underline{M}_{x\times z} = M$. Quitte à restreindre W , on peut supposer que $\underline{M}$ est inversible sur $W-S$ (cf. [31], exp. 20, prop. 6) et que $\underline{M} \simeq j_*j^*\underline{M}$. L'image de $\underline{M}$ dans $\underline{P}(Z,z)$ ne dépend que de l'image de L dans $\mathrm{Pic}(V)$, on vient donc de définir une application $\alpha : \mathrm{Pic}(V) \to \underline{P}(Z,z)$.

Réciproquement, étant donnés W et un faisceau inversible $\underline{L}$ sur $W-S$, le faisceau $\underline{M} = j_*\underline{L}$ est cohérent d'après le corollaire 3.5. Soient alors $M = \underline{M}_{x\times z}$ et L le faisceau sur V défini par M . Puisque $\underline{M}$ est inversible sur $W-S$ et qu'on a $\underline{M} \simeq j_*j^*\underline{M}$, le faisceau L est inversible et on a $M = \Gamma(V,L)$. L'image de L dans $\mathrm{Pic}(V)$ ne dépend que de l'image de $\underline{L}$ dans $\underline{P}(Z,z)$, on définit donc ainsi une application $\beta : \underline{P}(Z,z) \to \mathrm{Pic}(V)$.

Le fait que dans les deux cas on ait $\underline{M} \simeq j_*j^*\underline{M}$ et $M = \Gamma(V,L)$ permet de vérifier facilement que les applications α et β sont inverses l'une de l'autre.

DÉFINITION 3.7.- On appelle <u>foncteur de Picard local "analytique"</u> de (X,x) , et on note $\underline{P} = \underline{\mathrm{Picloc}}_{(X,x)}$, le foncteur : (espaces analytiques/$\mathbb{C}$) $\to$ (groupes abéliens) qui, à tout espace analytique complexe Z, associe

$$\underline{P}(Z) = H^0(X \times Z, \underline{H}^2_{x \times Z}(\underline{O}^*_{X \times Z})) = H^0(X \times Z, R^1 i_{Z*}(\underline{O}^*_{X \times Z})) ,$$

où i_Z est l'immersion ouverte canonique de $(X - \{x\}) \times Z$ dans $X \times Z$. En d'autres termes $\underline{P}$ est le faisceau associé au foncteur $Z \mapsto \varinjlim \mathrm{Pic}(W - x \times Z)$, la limite étant prise sur les voisinages ouverts W de $x \times Z$ dans $X \times Z$.

Un élément ξ de $\underline{P}(Z)$ consiste donc en une famille ξ_z $(z \in Z)$ d'éléments de $\underline{P}(Z,z) = (\underline{H}^2_{x \times Z}(\underline{O}^*_{X \times Z}))_{x \times z}$ soumise à la condition suivante : il existe un recouvrement ouvert Z_i de Z et, pour chaque Z_i , un voisinage ouvert W_i de $x \times Z_i$ dans $X \times Z_i$ et un faisceau inversible $\underline{L}_i$ sur $W_i - x \times Z_i$ tel que, si $z \in Z_i$, ξ_z soit l'image de $\underline{L}_i$ dans $\underline{P}(Z,z)$.

SORITE 3.8.- <u>Il existe, pour tout $\mathbb{C}$-schéma localement de type fini</u> Y , <u>un homomorphisme canonique fonctoriel en</u> Y

$$\underline{\mathrm{Picloc}}_{R/\mathbb{C}}(Y) \to \underline{P}(Y^{an}) .$$

<u>Démonstration.</u> Soient tout d'abord A une $\mathbb{C}$-algèbre de type fini, $Y = \mathrm{Spec}(A)$ et Y^{an} l'analytisé de Y . Soient $(B,\underline{m}B)$ un voisinage étale de $(R \otimes_{\mathbb{C}} A , \underline{m}R \otimes_{\mathbb{C}} A)$, $V = \mathrm{Spec}(B) - V(\underline{m}B)$, L un $\underline{O}_V$-Module inversible et M un B-module de type fini qui prolonge L . Quitte à remplacer X par un voisinage ouvert assez petit de x , on peut supposer que B provient par localisation en x d'une $\underline{O}_X \otimes_{\mathbb{C}} A$-algèbre de présentation finie $\underline{B}$ et que M provient d'un $\underline{B}$-Module de présentation finie $\underline{M}$. Soient $T^{an} \to X \times Y^{an}$ le spectre analytique de $\underline{B}$ et $\underline{M}^{an}$ le Module cohérent sur T^{an} déduit de $\underline{M}$. Par construction le morphisme $T^{an} \to X \times Y^{an}$ induit un isomorphisme au-dessus du fermé $x \times Y^{an}$ et est un isomorphisme local au voisinage de ce

fermé ; il existe donc un voisinage ouvert W de $x \times Y^{an}$ tel que le morphisme $T^{an} \to X \times Y^{an}$ possède une section σ au-dessus de W. De plus quitte à restreindre W, on peut supposer que $\sigma^* \underline{M}^{an}$ est inversible sur $W - x \times Y^{an}$.

Il est clair que l'on définit ainsi un homomorphisme

$$\mathrm{Pic}(V) \to \varinjlim_{W} \mathrm{Pic}(W - x \times Y^{an})$$

et par passage à la limite inductive sur les voisinages étales $(B, \underline{m}B)$ de $(R \otimes_{\mathbb{C}} A, \underline{m}R \otimes_{\mathbb{C}} A)$ un homomorphisme

$$\mathrm{Pic}(\tilde{U}_A) \to \varinjlim_{W} \mathrm{Pic}(W - x \times Y^{an}) ,$$

de plus cet homomorphisme est fonctoriel en A. Si $A \to A'$ est un homomorphisme étale, le morphisme correspondant $Y'^{an} \to Y^{an}$ est un isomorphisme local ; on déduit donc l'homomorphisme cherché de l'homomorphisme ci-dessus par passage au faisceau associé pour la topologie étale.

Supposons maintenant que (X,x) vérifie la condition (s_2) de sorte que $\underline{\mathrm{Picloc}}_{R/\mathbb{C}}$ est représentable par un $\mathbb{C}$-schéma en groupes localement de type fini P et un élément universel η de $\underline{\mathrm{Picloc}}_{R/\mathbb{C}}(P)$. Par la construction précédente, on déduit de η un élément η^{an} de $\underline{P}(P^{an})$.

THEOREME 3.9.- <u>Si</u> (X,x) <u>vérifie la condition</u> (s_2), <u>le foncteur de Picard local analytique</u> $\underline{P} = \underline{\mathrm{Picloc}}_{(X,x)}$ <u>est représentable par</u> (P^{an}, η^{an}).

<u>Démonstration</u>. Soient Z un espace analytique et $\xi \in \underline{P}(Z)$. Pour tout point z de Z, on a $\underline{P}(Z,z) = \underline{\mathrm{Picloc}}_{R/C}(\underline{O}_{Z,z})$ (3.6) ; ainsi ξ_z détermine, d'après la propriété universelle de (P,η), un unique $\mathbb{C}$-morphisme $\varphi_z : \mathrm{Spec}(\underline{O}_{Z,z}) \to P$ tel que $\varphi_z^*(\eta) = \xi_z$. D'un tel morphisme on déduit un germe de morphisme $\varphi_z^{an} : (Z_z, z) \to P^{an}$, où Z_z est un voisinage ouvert de z dans Z que l'on peut choisir assez petit pour que $\varphi_z^{an*}(\eta^{an}) = \xi | Z_z$. Alors si $z \in Z_{z'} \cap Z_{z''}$, on a $(\varphi_{z'}^{an})_z^*(\eta) = (\varphi_{z''}^{an})_z^*(\eta) = \xi_z$, donc $(\varphi_{z'}^{an})_z = (\varphi_{z''}^{an})_z = \varphi_z$ d'après l'unicité de φ_z. Ainsi ces germes de morphisme se recollent en un morphisme $\varphi : Z \to P^{an}$ tel que $\varphi^*(\eta^{an}) = \xi$ et un tel morphisme est unique en vertu de l'unicité des φ_z.

Considérons maintenant la suite exacte de l'exponentielle

$$0 \to \mathbb{Z}_X \to \underline{O}_X \to \underline{O}_X^* \to 0 .$$

On en déduit une suite exacte de cohomologie locale :

$$(*) \qquad 0 \to H_x^2(\mathbb{Z}_X) \to H_x^2(\underline{O}_X) \to H_x^2(\underline{O}_X^*) \to H_x^3(\mathbb{Z}_X) \to H_x^3(\underline{O}_X) ,$$

où $H_x^2(\underline{O}_X^*) = \underline{P}(\mathbb{C})$ et où, si (X,x) vérifie la condition (s_2) , $H_x^2(\underline{O}_X) = H_{\underline{m}}^2(R)$ est un $\mathbb{C}$-espace vectoriel de dimension finie que l'on considérera comme muni de sa structure canonique de groupe analytique $V(H_x^2(\underline{O}_X)^v)$.

COROLLAIRE 3.10.- <u>Supposons que</u> (X,x) <u>vérifie la condition</u> (s_2). <u>Alors</u> :

(i) <u>Le groupe abélien</u> $H_x^2(\mathbb{Z}_X)$ <u>est libre, de type fini, et fermé dans</u> $H_x^2(\underline{O}_X)$.

(ii) <u>La suite exacte</u> $(*)$ <u>définit des isomorphismes</u> :

$$(P^0)^{an} \simeq \mathrm{Coker}\{H_x^2(\mathbb{Z}_X) \to H_x^2(\underline{O}_X)\} ,$$

$$P/P^0 \simeq \mathrm{Ker}\ \{H_x^3(\mathbb{Z}_X) \to H_x^3(\underline{O}_X)\} .$$

<u>Démonstration.</u> Pour tout espace analytique Z , on déduit de l'application exponentielle $\underline{O}_{X\times Z} \to \underline{O}_{X\times Z}^*$ un homomorphisme de faisceaux de groupes abéliens sur $X\times Z$: $\underline{H}_{x\times Z}^2(\underline{O}_{X\times Z}) \to \underline{H}_{x\times Z}^2(\underline{O}_{X\times Z}^*)$ et, en prenant les sections, un homomorphisme de groupes abéliens, fonctoriel en Z :

$$\exp(Z) : H^o(X\times Z,\underline{H}_{x\times Z}^2(\underline{O}_{X\times Z})) \to H^o(X\times Z,\underline{H}_{x\times Z}^2(\underline{O}_{X\times Z}^*)) .$$

D'après le théorème 3.9 , on a

$$H^0(X\times Z,\underline{H}_{x\times Z}^2(\underline{O}_{X\times Z}^*)) = P^{an}(Z) .$$

De plus, par changement de base plat de X à $X\times Z$, on a un isomorphisme canonique

$$H^0(X\times Z,\underline{H}_{x\times Z}^2(\underline{O}_{X\times Z})) = V(H_x^2(\underline{O}_X)^v)(Z) .$$

Ainsi l'homomorphisme $\exp : H_x^2(\underline{O}_X) \to H_x^2(\underline{O}_X^*)$ provient d'un homomorphisme de groupes analytiques $V(H_x^2(\underline{O}_X)^v) \to P^{an}$; de plus cet homomorphisme induit un isomorphisme sur les espaces tangents à l'origine (qui s'identifient tous deux à $H_x^2(\underline{O}_X)$) . Les deux assertions du corollaire en résultent immédiatement.

COROLLAIRE 3.11.- _Supposons que_ (X,x) _vérifie la condition_ (s_2). _Alors le groupe abélien_ $P/P^{o}(\mathbb{C})$ _est de type fini._

Démonstration. En effet c'est un sous-groupe de $H^3_x(\mathbb{Z}_X)$ qui est de type fini, car (X,x) est triangulable d'après Lojaciewicz [36].

4. Foncteur de Picard local et dualité de Cartier.

Soient k un corps et R une k-algèbre locale noethérienne de corps résiduel k. On note $S = \mathrm{Spec}(R)$ et U l'ouvert complémentaire du point fermé dans S et on suppose dans tout ce paragraphe que R est hensélien de profondeur $\geqslant 2$. On considère par ailleurs un k-schéma en groupes commutatifs fini et son dual de Cartier $M' = \underline{\mathrm{Hom}}(M, \mathbf{G}_m)$.

THÉORÈME 4.1.- On a une suite exacte canonique :

$$0 \to H^1(S,M') \to H^1(U,M') \to \mathrm{Hom}(M, \underline{\mathrm{Picloc}}_{R/k}) \to H^2(S,M') \to H^2(U,M') ,$$

où les groupes de cohomologie sont calculés pour la topologie fppf.

Nous travaillerons avec les sites fppf sur S et sur U ; les groupes de cohomologie et groupes $\mathbf{Ext}$ locaux ou globaux seront calculés pour ces sites. On note $j : U \hookrightarrow S$ l'immersion ouverte canonique ; comme R est de profondeur $\geqslant 2$, on a $j_* \mathbf{G}_m = \mathbf{G}_m$.

LEMME 4.2.- Pour toute k-algèbre finie A, on a un isomorphisme canonique (et fonctoriel en A) :

$$\underline{\mathrm{Picloc}}_{R/k}(A) = R^1 j_* \mathbf{G}_m (R \otimes_k A) .$$

Démonstration. Rappelons qu'il revient au même de calculer $R^1 j_* \mathbf{G}_m$ pour la topologie fppf ou pour la topologie étale (cf. II 3). De plus, comme R est hensélien, le foncteur : (algèbres finies étales sur A) $\to$ (algèbres finies étales sur $R \otimes_k A$) qui à A' fait correspondre $R \otimes_k A'$ est une équivalence de catégories. Ainsi les deux membres de l'égalité s'identifient à

$\varinjlim \mathrm{Ker}\{\mathrm{Pic}(U_{A'}) \rightrightarrows \mathrm{Pic}(U_{A' \times_k A'})\}$, la limite étant prise sur les algèbres A' finies étales sur A.

LEMME 4.3.- On a $\mathrm{Hom}(M, \underline{\mathrm{Picloc}}_{R/k}) = \mathrm{Hom}(M_S, R^1 j_* \mathbf{G}_m)$.

Démonstration. D'après le lemme précédent les deux membres s'identifient à un sous-groupe de $\underline{\mathrm{Picloc}}_{R/k}(M)$. Dire qu'un morphisme $u : M \to \underline{\mathrm{Picloc}}_{R/k}$ est un homomorphisme, c'est dire que les deux éléments de $\underline{\mathrm{Picloc}}_{R/k}(M \times M)$ définis par

$$M \times M \xrightarrow{u \times u} \underline{\mathrm{Picloc}}_{R/k} \times \underline{\mathrm{Picloc}}_{R/k} \xrightarrow{\mathrm{mult}} \underline{\mathrm{Picloc}}_{R/k}$$

$$M \times M \xrightarrow{\mathrm{mult}} M \xrightarrow{u} \underline{\mathrm{Picloc}}_{R/k}$$

coïncident. D'après le lemme précédent, il revient au même de dire que le morphisme $u_S : M_S \to R^1 j_* \mathbb{G}_m$ correspondant à u est tel que les deux éléments de $R^1 j_* \mathbb{G}_m(M_S \times M_S)$ définis par

$$M_S \times M_S \xrightarrow{u_S \times u_S} R^1 j_* \mathbb{G}_m \times R^1 j_* \mathbb{G}_m \xrightarrow{\mathrm{mult}} R^1 j_* \mathbb{G}_m$$

$$M_S \times M_S \xrightarrow{\mathrm{mult}} M_S \xrightarrow{u_S} R^1 j_* \mathbb{G}_m$$

coïncident, c'est-à-dire que u_S est un homomorphisme.

LEMME 4.4.- _Soient_ T _un schéma,_ N _un schéma en groupes fini plat de présentation finie et_ $N' = \underline{\mathrm{Hom}}(N, \mathbb{G}_m)$ _son dual de Cartier. Alors on a un isomorphisme canonique_

$$\mathrm{Ext}^1(N, \mathbb{G}_m) = H^1(T, N')$$

et une suite exacte canonique :

$$0 \to H^2(T, N') \to \mathrm{Ext}^2(N, \mathbb{G}_m) \to H^0(T, \underline{\mathrm{Ext}}^2(N, \mathbb{G}_m)) .$$

Démonstration. Il est bien connu que $\underline{\mathrm{Ext}}^1(N, \mathbb{G}_m) = 0$ (cf. [43], 6.2.2), donc dans la suite spectrale de passage du local au global

$$E_2^{p,q} = H^p(T, \underline{\mathrm{Ext}}^q(N, G_m)) \Longrightarrow \mathrm{Ext}^{p+q}(N, G_m) ,$$

les termes $E_2^{p,1}$ sont nuls pour tout p . Par suite on a un isomorphisme $E_2^{1,0} = \mathrm{Ext}^1(N, \mathbb{G}_m)$ et une suite exacte :

$$0 \to E_2^{2,0} \to \mathrm{Ext}^2(N, \mathbb{G}_m) \to E_2^{0,2} .$$

LEMME 4.5.- _L'application canonique_

$$\varphi_M : H^0(S,\underline{\mathrm{Ext}}^2(M,\mathbf{G}_m)) \to H^0(U,\underline{\mathrm{Ext}}^2(M,\mathbf{G}_m))$$

<u>est injective.</u>

<u>Démonstration.</u> Remarquons tout d'abord que si

$$0 \to M_1 \to M \to M_2 \to 0$$

est une suite exacte de k-groupes et si φ_{M_1} et φ_{M_2} sont injectifs, il en est de même de φ_M. En effet, comme $\underline{\mathrm{Ext}}^1(M_1,\mathbf{G}_m) = 0$, on a une suite exacte

$$0 \to \underline{\mathrm{Ext}}^2(M_2,\mathbf{G}_m) \to \underline{\mathrm{Ext}}^2(M,\mathbf{G}_m) \to \underline{\mathrm{Ext}}^2(M_1,\mathbf{G}_m) ,$$

d'où un diagramme commutatif à lignes exactes :

$$\begin{array}{ccccccc} 0 \to & H^0(S,\underline{\mathrm{Ext}}^2(M_2,\mathbf{G}_m)) & \to & H^0(S,\underline{\mathrm{Ext}}^2(M,\mathbf{G}_m)) & \to & H^0(S,\underline{\mathrm{Ext}}^2(M_1,\mathbf{G}_m)) \\ & \downarrow \varphi_{M_2} & & \downarrow \varphi_M & & \downarrow \varphi_{M_1} \\ 0 \to & H^0(U,\underline{\mathrm{Ext}}^2(M_2,\mathbf{G}_m)) & \to & H^0(U,\underline{\mathrm{Ext}}^2(M,\mathbf{G}_m)) & \to & H^0(U,\underline{\mathrm{Ext}}^2(M_1,\mathbf{G}_m)) . \end{array}$$

Ainsi l'injectivité de φ_{M_1} et φ_{M_2} entraîne celle de φ_M.

Si k' est une extension finie de k et si $S' = \mathrm{Spec}(R \otimes_k k')$, l'application canonique

$$H^0(S,\underline{\mathrm{Ext}}^2(M,\mathbf{G}_m)) \to H^0(S',\underline{\mathrm{Ext}}^2(M_{k'},\mathbf{G}_m))$$

est injective, puisque $\underline{\mathrm{Ext}}^2(M,G_m)$ est un faisceau pour la topologie fppf. Or il existe une extension finie k' de k telle que $M_{k'}$ possède une suite de composition dont les quotients successifs sont des k'-groupes élémentaires : $\mathbf{Z}/n$ et, si $\mathrm{car}(k) = p > 0$, μ_p et α_p. Quitte à remplacer R par $R \otimes_k k'$, on peut supposer que M lui-même possède une telle suite de décomposition et, compte-tenu de ce qui précède, il suffit de démontrer le lemme dans le cas où M est un k-groupe élémentaire

Le groupe constant $\mathbf{Z}/n$ possède une résolution projective $0 \to \mathbf{Z} \xrightarrow{n} \mathbf{Z} \to \mathbf{Z}/n \to 0$ de longueur 2, donc on a $\underline{\mathrm{Ext}}^2(\mathbf{Z}/n , \mathbf{G}_m) = 0$. D'après L. Breen [11], si $\mathrm{car}(k) = p > 2$, on a aussi $\underline{\mathrm{Ext}}^2(\mu_p,\mathbf{G}_m) = \underline{\mathrm{Ext}}^2(\alpha_p,\mathbf{G}_m) = 0$. Si $\mathrm{car}(k) = 2$, le calcul montre qu'on a $\underline{\mathrm{Ext}}^2(\mu_2,\mathbf{G}_m) = 0$ (appendice 5.3). Dans tous ces cas l'injectivité de l'application φ_M est triviale.

Le seul cas où $\underline{\mathrm{Ext}}^2(M,\mathbb{G}_m)$ n'est pas nul est celui où $\mathrm{car}(k) = 2$ et $M = \alpha_2$; on a alors $\underline{\mathrm{Ext}}^2(\alpha_2,\mathbb{G}_m) = \underline{O}_S$ (appendice 5.3) et l'application $\varphi_{\alpha_2} : H^0(S,\underline{O}_S) \to H^0(U,\underline{O}_U)$ est injective, puisque R est de profondeur $\geqslant 2$.

4.6.- Fin de la démonstration du théorème. Pour tout faisceau fppf abélien G sur U , on a

$$\mathrm{Hom}(M_U,G) = \mathrm{Hom}(M_S,j_*G) .$$

On a donc une suite spectrale :

$$E_2^{pq} = \mathrm{Ext}^p(M_S,R^qj_*G) \Longrightarrow \mathrm{Ext}^{p+q}(M_U,G) .$$

En particulier pour $G = \mathbb{G}_m$, on a $j_*\mathbb{G}_m = \mathbb{G}_m$ et la suite exacte des termes de bas degré s'écrit :

$$0 \to \mathrm{Ext}^1(M_S,\mathbb{G}_m) \to \mathrm{Ext}^1(M_U,\mathbb{G}_m) \to \mathrm{Hom}(M_S,R^1j_*\mathbb{G}_m) \to \mathrm{Ext}^2(M_S,\mathbb{G}_m) \to \mathrm{Ext}^2(M_U,\mathbb{G}_m) .$$

Mais, d'après les lemmes précédents, on a

$$\mathrm{Ext}^1(M_S,\mathbb{G}_m) = H^1(S,M') \quad , \quad \mathrm{Ext}^1(M_U,\mathbb{G}_m) = H^1(U,M') ,$$

$$\mathrm{Hom}(M_S,R^1j_*\mathbb{G}_m) = \mathrm{Hom}(M,\underline{\mathrm{Picloc}}_{R/k}) ,$$

$$\mathrm{Ker}\{\mathrm{Ext}^2(M_S,\mathbb{G}_m) \to \mathrm{Ext}^2(M_U,\mathbb{G}_m)\} = \mathrm{Ker}\{H^2(S,M') \to H^2(U,M')\} ,$$

d'où le théorème.

Remarque 4.7.- La démonstration ci-dessus est inspirée, en ce qui concerne l'utilisation de la suite spectrale $\mathrm{Ext}^p(M_S,R^qj_*\mathbb{G}_m) \Longrightarrow \mathrm{Ext}^{p+q}(M_U,\mathbb{G}_m)$, de la démonstration donnée par M. Raynaud ([43], 6.2.1) du résultat analogue pour le foncteur de Picard d'un morphisme propre et plat. La difficulté supplémentaire dans la situation locale est que l'on ne peut pas se ramener au cas où $j : U \hookrightarrow S$ possède une section ! L'utilisation des résultats de L. Breen m'a été suggérée par B. Mazur.

D'après les résultats de R. Elkik [21], le foncteur $\underline{\mathrm{Picloc}}_{R/k}$ est inchangé lorsqu'on remplace l'anneau R par son complété (II 7.3), d'où

COROLLAIRE 4.8.- <u>Soient</u> $\bar{R}$ <u>le complété de</u> R , $\bar{S} = \mathrm{Spec}(\bar{R})$ <u>et</u> $\bar{U}$ <u>l'ouvert complémentaire du point fermé dans</u> $\bar{S}$. <u>Alors l'homomorphisme canonique</u>

$$\mathrm{Coker}\{H^1(S,M') \to H^1(U,M')\} \to \mathrm{Coker}\{H^1(\bar{S},M') \to H^1(\bar{U},M')\}$$

<u>est bijectif.</u>

Si l'on fait des hypothèses supplémentaires sur le groupe M ou sur le corps k , on peut préciser le résultat obtenu.

COROLLAIRE 4.9.- <u>Si</u> M <u>est radiciel ou si</u> k <u>est séparablement clos, on a une suite exacte</u> :

$$0 \to H^1(S,M') \to H^1(U,M') \to \underline{\mathrm{Hom}}(M,\underline{\mathrm{Picloc}}_{R/k}) \to 0 .$$

<u>Démonstration.</u> Il suffit de montrer que $H^2(S,M') = 0$. Si M est radiciel, M' est unipotent, il possède donc une suite de composition dont les quotients successifs sont isomorphes à des sous-groupes fermés de $\mathbb{G}_a$ (cf. [17], IV, §2, prop. 2.5). Or, si G est un sous-groupe fermé de $\mathbb{G}_a$ tel que $G \neq \mathbb{G}_a$, il existe un endomorphisme f de $\mathbb{G}_a$ tel que la suite

$$0 \to G \to \mathbb{G}_a \xrightarrow{f} \mathbb{G}_a \to 0$$

soit exacte (loc. cit., IV, §2, prop. 1.1). Comme S est affine, on a $H^i(S,\mathbb{G}_a) = 0$ pour $i \geq 1$, d'où $H^i(S,G) = 0$ pour $i \geq 2$, et, par récurrence sur la longueur d'une suite de composition de M', $H^i(S,M') = 0$ pour $i \geq 2$.

Supposons maintenant k séparablement clos. Le groupe M' est extension d'un groupe unipotent M'_u par un groupe de type multiplicatif M'_m (loc. cit., IV, §3, th. 1.1) ; d'après ce qui précède on a $H^2(S,M'_u) = 0$, il suffit donc de montrer que $H^2(S,M'_m) = 0$. Or M'_m est produit de groupes de racines de l'unité et un tel groupe μ_n est noyau de la suite exacte (fppf) de Kummer :

$$0 \to \mu_n \to \mathbb{G}_m \xrightarrow{n} \mathbb{G}_m \to 0 .$$

Comme S est strictement hensélien, on a $H^i(S,\mathbb{G}_m) = 0$ pour $i \geq 1$ (cf. [28], th. 11.7) , d'où $H^i(S,\mu_n) = 0$ pour $i \geq 2$.

COROLLAIRE 4.10.- <u>Si</u> M <u>est de type multiplicatif, on a une suite exacte</u>

$$0 \to H^1(k,M') \to H^1(U,M') \to \underline{\mathrm{Hom}}(M,\underline{\mathrm{Picloc}}_{R/k}) \to H^2(k,M') \to H^2(U,M') ,$$

<u>où les groupes de cohomologie sont calculés pour la topologie étale.</u>

<u>Démonstration.</u> Si M est de type multiplicatif, M' est étale, donc cohomologie étale et cohomologie fppf à coefficients dans M' coïncident (cf. [28], th. 11.7) et de plus, comme S est local hensélien, on a $H^i(S,M') = H^i(k,M')$ quel que soit $i \geq 0$.

Soient G_k le groupe de Galois de k_s/k, où k_s est une clôture séparable de k, et $cd(G_k)$ la dimension cohomologique de G_k (cf. [48], I.3.1). On sait que les conditions suivantes sont équivalentes (loc. cit., II.2.3) :

(i) $cd(G_k) \leq 1$,

(ii) pour toute extension finie séparable K de k, le groupe Br(K) est nul si car(k) = 0, de p-torsion si car(k) = p > 0.

Si $cd(G_k) \leq 1$, le groupe $H^2(k,M')$ est nul quel que soit le k-groupe étale M', d'où :

COROLLAIRE 4.11.- <u>Si</u> M <u>est de type multiplicatif et si</u> $cd(G_k) \leq 1$, <u>on a une suite exacte</u>

$$0 \to H^1(k,M') \to H^1(U,M') \to \mathrm{Hom}(M,\underline{\mathrm{Picloc}}_{R/k}) \to 0 .$$

Ce corollaire s'applique en particulier si k est un corps de dimension ≤ 1, c'est-à-dire si Br(K) = 0 pour toute extension finie séparable de k. C'est le cas d'un corps fini (th. de Wedderburn), plus généralement d'un corps C_1, par exemple une extension de degré de transcendance 1 d'un corps algébriquement clos (th. de Tsen).

COROLLAIRE 4.12.- <u>Si</u> M <u>est de type multiplicatif et si</u> k <u>est séparablement clos, on a un isomorphisme canonique</u>

$$H^1(U,M') \simeq \mathrm{Hom}(M,\underline{\mathrm{Picloc}}_{R/k}) .$$

5. Appendice. Calculs d'Ext en caractéristique 2.

Rappelons tout d'abord la méthode générale de calcul telle qu'elle est développée dans les articles de L. Breen [10], [11].

Etant donné un groupe abélien G, on considère le complexe de Moore de G tronqué en dimension 3 :

$$M_i(G) = 0 \quad \text{pour} \quad i < 0 ,$$
$$M_0(G) = \mathbf{Z}[G]$$
$$M_1(G) = \mathbf{Z}[G^2]$$
$$M_2(G) = \mathbf{Z}[G^3] \times \mathbf{Z}[G^2]$$
$$M_3(G) = \mathbf{Z}[G^4] \times \mathbf{Z}[G^3] \times \mathbf{Z}[G^3] \times \mathbf{Z}[G^2] \times \mathbf{Z}[G]$$

où $\mathbf{Z}[G^i]$ est le groupe abélien libre de base G^i. Les homomorphismes bords $d_i : M_i(G) \to M_{i-1}(G)$ se déduisent des flèches explicites δ_i du complexe d'Eilenberg-MacLane stable $\mathbf{A}(G)$ données dans [10] de la manière suivante

$$d_i = \delta_{i+1} \quad \text{pour} \quad 0 \leqslant i \leqslant 2 \quad , \quad d_3 = (\delta_4, \gamma) ,$$

où $\gamma : \mathbf{Z}[G] \to \mathbf{Z}[G^3] \times \mathbf{Z}[G^2]$ est défini en prolongeant par linéarité l'application $x \mapsto (0\,,[x|x])$ pour $x \in G$. Le complexe $M_*(G)$ est une résolution partielle de G, en effet on a

$$H_0(M_*(G)) = G$$
$$H_q(M_*(G)) = 0 \quad \text{pour} \quad q = 1,2 .$$

Soient maintenant S un schéma et G un faisceau fppf abélien sur S. Comme la construction précédente est fonctorielle en G, on en déduit un complexe $M_*(G)$ de faisceaux fppf abéliens tel que $H_0(M_*(G)) = G$ et $H_q(M_*(G)) = 0$ pour $q = 1,2$.

Si H est un autre faisceau fppf abélien, on notera

$$M^*(G,H) = \mathrm{Hom}(M_*(G),H) ,$$
$$\underline{M}^*(G,H) = \underline{\mathrm{Hom}}(M_*(G),H) ,$$

de sorte que $M^*(G,H)$ est un complexe de groupes abéliens et $\underline{M}^*(G,H)$ un complexe de faisceaux abéliens.

LEMME 5.1.- *Si* G *est un* S-*schéma en groupes fini et* H *un* S-*schéma en groupes lisse, on a* $\underline{\mathrm{Ext}}^p(\mathbf{M}_q(G),H) = 0$ *pour* $p > 0$ *et* q *quelconque.*

Démonstration. Il suffit de montrer que, si i est un entier $\geqslant 0$, on a $\underline{\mathrm{Ext}}^p(\mathbf{Z}[G^i],H) = 0$ pour $p > 0$. On notera $g : G^i \to S$ le morphisme structural de G^i . Pour tout $p \geqslant 0$, on a un isomorphisme canonique

$$\underline{\mathrm{Ext}}^p(\mathbf{Z}[G^i],H) = R^p_{fppf}g_*(g^*H) .$$

De plus, puisque g^*H est lisse sur G^i et que g est un morphisme fini, on a

$$R^p_{fppf}g_*(g^*H) = R^p_{et}g_*(g^*H) = 0 \qquad \text{pour } p > 0 .$$

LEMME 5.2.- *Si* G *est un* S-*schéma en groupes fini et* H *un* S-*schéma en groupes lisse, on a*

$$\underline{\mathrm{Ext}}^p(G,H) = H^p(\underline{M}^*(G,H)) \qquad \text{pour } p = 0,1,2 .$$

Démonstration. Comme le complexe $\mathbf{M}_*(G)$ est $\underline{\mathrm{Hom}}(.,H)$-acyclique, on a une suite spectrale reliant son homologie et sa cohomologie

$$E_2^{pq} = \underline{\mathrm{Ext}}^p(H_q(\mathbf{M}_*(G)),H) \Longrightarrow H^{p+q}(\underline{M}^*(G,H)) .$$

Comme $H_o(\mathbf{M}_*(G)) = G$ et $H_q(\mathbf{M}_*(G)) = 0$ pour $q = 1,2$, cette suite spectrale dégénère dans les basses dimensions et donne l'isomorphisme voulu.

PROPOSITION 5.3.- *Si* S *est un schéma de caractéristique* 2, *on a* $\underline{\mathrm{Ext}}^2(\mu_2,\mathbf{G}_m) = 0$ *et* $\underline{\mathrm{Ext}}^2(\alpha_2,\mathbf{G}_m) = \mathbf{G}_a$.

Démonstration. Comme le foncteur faisceau associé est exact, il suffit de montrer que si S est affine et $k = \Gamma(S,\underline{O}_S)$, on a $H^2(\mathbf{M}^*(\mu_2,\mathbf{G}_m)) = 0$ et $H^2(\mathbf{M}^*(\alpha_2,\mathbf{G}_m)) = k$.

Pour simplifier les notations, on écrira $k[x_1,\dots,x_n]^*$ pour le groupe des éléments inversibles de l'anneau $k[x_1,\dots,x_n]/(x_1^2,\dots,x_n^2)$. Une 2-cochaîne de $\mathbf{M}^*(\mu_2,\mathbf{G}_m)$ ou de $\mathbf{M}^*(\alpha_2,\mathbf{G}_m)$ est un élément de

$$H^o(\mu_2^3,\mathbf{G}_m) \oplus H^o(\mu_2^2,\mathbf{G}_m) = H^o(\alpha_2^3,\mathbf{G}_m) \oplus H^o(\alpha_2^2,\mathbf{G}_m) .$$

C'est donc un couple (f,g) avec $f = f(x,y,z) \in k[x,y,z]^*$ et $g = g(x,y) \in k[x,y]^*$. Une telle cochaîne est un cocycle si $d(f,g) = (1,1,1,1,1)$ où

$$d(f,g) = (f_1,f_2,f_3,f_4,f_5) \in k[x,y,z,w]^* \oplus k[x,y,z]^* \oplus k[x,y,z]^* \oplus k[x,y]^* \oplus k[x]^*$$

avec (cf. [10]) :

$$f_1(x,y,z,w) = f(y,z,w)f(x*y,z,w)^{-1}f(x,y*z,w)f(x,y,z*w)^{-1}f(x,y,z)$$
$$f_2(x,y,z) = g(x,z)g(x*y,z)^{-1}g(y,z)f(x,y,z)f(x,z,y)^{-1}f(z,x,y)$$
$$f_3(x,y,z) = g(x,y)g(x,y*z)^{-1}g(x,z)f(x,y,z)^{-1}f(y,x,z)f(y,z,x)^{-1}$$
$$f_4(x,y) = g(x,y)^{-1}g(y,x)^{-1}$$
$$f_5(x) = g(x,x)$$

où $x*y = x+y$ dans le cas de α_2 et $x+y+xy$ dans le cas de μ_2. De plus (f,g) est un cobord s'il existe $h = h(x,y) \in k[x,y]^*$ tel que

$$f(x,y,z) = h(y,z)h(x*y,z)^{-1}h(x,y*z)h(x,y)^{-1}$$
$$g(x,y) = h(x,y)h(y,x)^{-1}.$$

Nous allons déterminer les coefficients d'un cocycle (f,g) degré par degré. On notera

$$f(x,y,z) = a + b_1x + b_2y + b_3z + c_1xy + c_2yz + c_3zx + dxyz$$
$$g(x,y) = A + B_1x + B_2y + C\,xy$$

<u>degré</u> 0 :

terme constant de $f_1 = a$, d'où $a = 1$

terme constant de $f_5 = A$, d'où $A = 1$.

Notons que si $P(x_1,\dots,x_n)$ est un polynôme sans terme constant, $1 + P(x_1,\dots,x_n)$ est un idempotent dans $k[x_1,\dots,x_n]/(x_1^2,\dots,x_n^2)$ car k est de caractéristique 2. On peut donc dans les formules qui définissent $f_1,\dots,f_5$ supprimer les signes -1. Alors $f_1,\dots,f_5$ s'écrivent comme produit de polynômes de la forme (1 + polynôme sans terme constant). Si d est le minimum du degré des termes de ces polynômes sans terme constant, les termes du produit qui sont de degré $d' < 2d$ s'obtiennent en additionnant les termes de degré d' des facteurs. Ce sera toujours le cas dans les termes que nous calculons ci-dessous.

degré 1 :

coefficient de y dans $f_1 = b_2$, d'où $b_2 = 0$.

coefficient de x dans $f_4 = B_1 + B_2$, d'où $B_1 = B_2 = B$.

coefficient de z dans $f_2 = B + b_1 + b_3$, d'où $B = b_1 + b_3$.

Quitte à modifier f par le cobord de $h(x,y) = 1 + b_1 x + b_3 y$ dont les termes de degré $\leqslant 1$ sont $(1 + b_1 x + b_3 z \, , \, 1 + (b_1 + b_3)(x+y))$, on peut donc supposer que f et g n'ont pas de termes de degré 1.

degré 2 :

coefficient de xy dans $f_1 = c_1$, d'où $c_1 = 0$.

coefficient de zw dans $f_1 = c_2$, d'où $c_2 = 0$.

coefficient de xw dans $f_1 = c_3$, d'où $c_3 = 0$.

On peut donc pour calculer la cohomologie, se restreindre aux cochaînes de la forme $f(x,y,z) = 1 + d\,xyz$ et $g(x,y) = 1 + C\,xy$. Pour aller plus loin, il faut distinguer les cas de μ_2 et α_2 .

Cas de μ_2 :

coefficient de $xyzw$ dans $f_1 = d$, d'où $d = 0$ et $f = 1$.

coefficient de xyz dans $f_2 = C$, d'où $C = 0$ et $g = 1$.

Cas de α_2 :

coefficient de xyz dans $f_2 = d$, d'où $d = 0$ et $f = 1$.

Mais le couple $(1, 1 + C\,xy)$ est un cocycle ; de plus deux couples $(1, 1+C\,xy)$ et $(1, 1+C'xy)$ ne peuvent être homologues que si $C = C'$. On a donc $H^2(M^*(\alpha_2, \mathbb{G}_m)) = k$.

CHAPITRE IV

LE FONCTEUR $\underline{\mathrm{Pic}}^{\#}_{\tilde{X}/k}$ POUR UN R-SCHÉMA PROPRE X

Soient comme précédemment k un corps, R une k-algèbre locale noethérienne de corps résiduel k et U l'ouvert complémentaire du point fermé dans $\mathrm{Spec}(R)$. Soient de plus X un R-schéma propre et V l'ouvert complémentaire de la fibre fermée. Pour toute k-algèbre A, on note $\tilde{}_A$ le changement de base de R à $R\tilde{\otimes}_k A$. On considère le sous-groupe $\mathrm{Pic}^{\#}(\tilde{X}_A)$ de $\mathrm{Pic}(\tilde{X}_A)$ correspondant aux faisceaux inversibles sur $\tilde{X}_A$ dont la restriction à $\tilde{V}_A$ est triviale localement au-dessus de $\tilde{U}_A$. Autrement dit

$$\mathrm{Pic}^{\#}(\tilde{X}_A) = \mathrm{Ker}\{\mathrm{Pic}(\tilde{X}_A) \to \underline{\mathrm{Pic}}_{V/U}(\tilde{U}_A)\} .$$

On note $\underline{\mathrm{Pic}}^{\#}_{\tilde{X}/k}$ le faisceau en groupes abéliens pour la topologie étale sur les k-algèbres associé au préfaisceau $A \mapsto \mathrm{Pic}^{\#}(\tilde{X}_A)$.

Si $\Gamma(X,\underline{O}_X) = R$, il existe un homomorphisme canonique $\underline{\mathrm{Pic}}^{\#}_{\tilde{X}/k} \to \underline{\mathrm{Picloc}}_{R/k}$ (2.1) ; nous étudierons cet homomorphisme au chapitre V. Dans le cas où k est parfait, R normal et X une résolution des singularités de R, ceci nous permettra de décrire $\underline{\mathrm{Picloc}}_{R/k}$ en termes de $\underline{\mathrm{Pic}}^{\#}_{\tilde{X}/k}$ et de démontrer (sous des hypothèses convenables de résolution des singularités) que le groupe de Néron-Severi local $\underline{\mathrm{Picloc}}_{R/k}/\underline{\mathrm{Picloc}}^{0}_{R/k}(\bar{k})$ est de type fini (V 4.3).

Dans les paragraphes 1 à 3 du présent chapitre, on étudie la représentabilité de $\underline{\mathrm{Pic}}^{\#}_{\tilde{X}/k}$. On dira que X vérifie la condition (N) si, pour tout point x de la fibre fermée de X sur Spec(R), l'anneau local $\underline{O}_{X,x}$ est soit un anneau de valuation discrète, soit de profondeur ≥ 2. On montrera le résultat ci-dessous :

Supposons vérifiée l'une des conditions suivantes :

(i) R est essentiellement de type fini sur k,

(ii) k est parfait et X vérifie la condition (N).

Alors $\underline{\mathrm{Pic}}^{\#}_{\tilde{X}/k}$ est représentable par un k-schéma en groupes localement de type fini.

La démonstration repose encore sur le critère de représentabilité d'Artin. Il y a tout lieu de penser que les conditions (i) ou (ii) de l'énoncé sont superflues, encore une fois c'est le fait que $R\tilde{\otimes}_k A$ ne soit pas nécessairement noethérien lorsque A est complet noethérien qui crée des difficultés.

Les paragraphes 4 à 7 contiennent la démonstration de résultats qui sont essentiels dans les dévissages du chapitre V conduisant au théorème de finitude :

§4. Dévissage de Oort. Soit X' un sous-schéma fermé de X défini par un idéal nilpotent. Alors l'homomorphisme canonique $\underline{\mathrm{Pic}}^{\#}_{\tilde{X}/k} \to \underline{\mathrm{Pic}}^{\#}_{\tilde{X}'/k}$ est représentable par un morphisme affine de présentation finie.

§5. Recollement de composantes de torsion. Soient I un idéal de R et T l'idéal des sections de $\underline{O}_X$ à support dans $V(I\underline{O}_X)$. Soient Y le sous-schéma fermé de X défini par T et X_n celui défini par $I^{n+1}\underline{O}_X$. Alors il existe un entier $n \geq 0$ tel que l'homomorphisme canonique $\underline{\mathrm{Pic}}^{\#}_{\tilde{X}/k} \to \underline{\mathrm{Pic}}^{\#}_{\tilde{Y}/k} \times \underline{\mathrm{Pic}}^{\#}_{\tilde{X}_n/k}$ soit représentable par une immersion fermée de présentation finie.

§6. Stationnarité du groupe de Picard d'un éclatement. Soient I un idéal de R, $X = \mathrm{Proj}(\bigoplus_{n\geq 0} I^n)$ le R-schéma obtenu en faisant éclater I et X_n le sous-schéma fermé de X défini par $I^{n+1}\underline{O}_X$. Alors il existe un entier $n \geq 0$ tel que l'homomorphisme canonique $\underline{\mathrm{Pic}}^{\#}_{\tilde{X}/k} \to \underline{\mathrm{Pic}}^{\#}_{\tilde{X}_n/k}$ soit un isomorphisme.

§7. Effet d'un morphisme birationnel. Soit $f : X \to Y$ un morphisme birationnel de R-schémas propres tel que $f_*\underline{O}_X = \underline{O}_Y$. Supposons que $\underline{\mathrm{Pic}}^{\#}_{\tilde{X}/k}$ et $\underline{\mathrm{Pic}}^{\#}_{\tilde{Y}/k}$ sont représentables. Alors l'homomorphisme canonique $\underline{\mathrm{Pic}}^{\#}_{\tilde{Y}/k} \to \underline{\mathrm{Pic}}^{\#}_{\tilde{X}/k}$ est représentable par une immersion fermée de présentation finie.

1. Représentabilité de la section unité de $\underline{\mathrm{Pic}}_{\tilde{X}/k}$.

Soient donc k un corps, R une k-algèbre locale noethérienne de corps résiduel k et d'idéal maximal $\underline{m}$; soient X un R-schéma propre, $R' = \Gamma(X,\underline{O}_X)$ et $S = \mathrm{Spec}(R')$. Pour toute k-algèbre A , on note $\tilde{}_A$ [resp. $\hat{}_A$] le changement de base de R à $R\tilde{\otimes}_k A$ [resp. $R\hat{\otimes}_k A$] . On note $\underline{\mathrm{Pic}}_{\tilde{X}/k}$ le faisceau en groupes abéliens pour la topologie étale sur les k-algèbres associé au préfaisceau $A \mapsto \mathrm{Pic}(\tilde{X}_A)$. Il résulte d'ailleurs de II 3.3 que $\underline{\mathrm{Pic}}_{\tilde{X}/k}$ est un faisceau pour la topologie fppf.

LEMME 1.1.- *Soient B un anneau noethérien et I un idéal de B contenu dans* $\mathrm{rad}(B)$. *Soit Y un B-schéma propre et pour tout entier $n \geqslant 0$, soit* $Y_n = Y\otimes_B B/I^{n+1}$. *Soient $p : Y \to T = \mathrm{Spec}\,\Gamma(Y,\underline{O}_Y)$ et $p_n : Y_n \to T_n = \mathrm{Spec}\,\Gamma(Y_n,\underline{O}_{Y_n})$ les projections canoniques. Enfin soient L un faisceau inversible sur Y et L_n la restriction de L à Y_n . Alors les conditions suivantes sont équivalentes :*

(i) *le faisceau p_*L est inversible sur T et l'homomorphisme canonique $p^*p_*L \to L$ est un isomorphisme,*

(i bis) *L est trivial localement pour la topologie de Zariski [resp. étale, fpqc] sur* $\mathrm{Spec}(B)$,

(ii) *pour tout $n \geqslant 0$, le faisceau $p_{n*}L_n$ est inversible sur T_n et l'homomorphisme canonique $p_n^*\, p_{n*}\, L_n \to L_n$ est un isomorphisme,*

(ii bis) *pour tout $n \geqslant 0$, le faisceau L_n est trivial localement pour la topologie de Zariski [resp. étale, fpqc] sur* $\mathrm{Spec}(B/I^{n+1})$.

Démonstration. Il est bien connu que les conditions (i) et (i bis) [resp. (ii) et (ii bis)] sont équivalentes (II 2.2 et [41], III 2.4). Il est clair que (i bis) entraîne (ii bis) ; il reste à montrer que (ii) entraîne (i). Soient $\hat{p} : \hat{Y} \to \hat{T}$ le morphisme de schémas formels déduit de p par passage aux complétés pour la topologie I-adique et $L^\wedge$ le complété de L . D'après EGA III 3.2.1 et 4.1.5 , le faisceau p_*L est cohérent, on a $(p_*L)^\wedge = \varprojlim p_{n*}L_n$ et le complété de l'homomorphisme canonique $p^*p_*L \to L$ s'identifie à l'homomorphisme $\varprojlim (p_n^*\, p_{n*}\, L_n \to L_n)$. La condition (ii bis) implique donc que le faisceau $(p_*L)^\wedge$ est inversible et que l'homomorphisme

$(p^*p_*L)^\wedge \to L^\wedge$ est un isomorphisme. Puisque B est noethérien et I contenu dans $\mathrm{rad}(B)$, la condition (i) en résulte (EGA I, 10.8.14 et 10.8.15).

PROPOSITION 1.2.- <u>La section unité de $\underline{\mathrm{Pic}}_{\tilde{X}/k}$ est représentable par une immersion fermée de présentation finie.</u>

<u>Démonstration.</u> Le foncteur $\underline{\mathrm{Pic}}_{\tilde{X}/k}$ est localement de présentation finie (II 1.3); il en résulte qu'il suffit de démontrer la proposition en restriction à la catégorie des k-algèbres de type fini.

Soit A une k-algèbre de type fini et $\xi \in \underline{\mathrm{Pic}}_{\tilde{X}/k}(A)$, il s'agit de montrer que le sous-foncteur Z de $\mathrm{Spec}(A)$ - sur la catégorie des k-algèbres de type fini - défini par $\xi = 0$ est représentable par un sous-schéma fermé de $\mathrm{Spec}(A)$. La question est locale pour la topologie étale sur $\mathrm{Spec}(A)$, on peut donc supposer que ξ provient d'un faisceau inversible L sur $\tilde{X}_A$.

Pour tout entier $n \geqslant 0$, la section unité du foncteur de Picard $\underline{\mathrm{Pic}}_{X_n/k}$ est représentable par une immersion fermée, car $\underline{\mathrm{Pic}}_{X_n/k}$ lui-même est représentable. Soient ξ_n l'image de ξ dans $\underline{\mathrm{Pic}}_{X_n/k}(A)$ et Z_n le sous-schéma fermé de $\mathrm{Spec}(A)$ défini par $\xi_n = 0$. Pour toute k-algèbre de type fini A' , l'anneau $R \tilde{\otimes}_k A'$ est noethérien et $\underline{m}(R \tilde{\otimes}_k A') \subset \mathrm{rad}(R \tilde{\otimes}_k A')$; la proposition 1.1 montre donc que Z est représenté par $\bigcap_{n \geqslant 0} Z_n$.

COROLLAIRE 1.3.- <u>Soit A une k-algèbre noethérienne d'anneau total des fractions K . Alors on a une suite exacte</u> :

$$0 \to \mathrm{Pic}(\tilde{S}_A) \to \mathrm{Pic}(\tilde{X}_A) \to \mathrm{Pic}(\tilde{X}_K) .$$

<u>Démonstration.</u> Cela résulte du diagramme commutatif de suites exactes (II 2.1) :

$$\begin{array}{ccccccc} 0 \to & \mathrm{Pic}(\tilde{S}_A) & \to & \mathrm{Pic}(\tilde{X}_A) & \to & \underline{\mathrm{Pic}}_{\tilde{X}/k}(A) \\ & \downarrow & & \downarrow & & \downarrow \\ 0 \to & \mathrm{Pic}(\tilde{S}_K) & \to & \mathrm{Pic}(\tilde{X}_K) & \to & \underline{\mathrm{Pic}}_{\tilde{X}/k}(K) \end{array}$$

où l'application $\underline{\mathrm{Pic}}_{\tilde{X}/k}(A) \to \underline{\mathrm{Pic}}_{\tilde{X}/k}(K)$ est injective, d'après 1.2 , et où $\mathrm{Pic}(\tilde{S}_K) = 0$ car $R' \tilde{\otimes}_k K$ est semi-local.

COROLLAIRE 1.4.- Pour toute k-algèbre noethérienne A, l'application canonique $\mathrm{Pic}(\tilde{X}_A) \to \mathrm{Pic}(\hat{X}_A)$ est injective.

Démonstration. D'après II 4.3, on peut supposer que A est réduit d'anneau total de fractions K. L'assertion résulte alors du diagramme commutatif

$$\begin{array}{ccccccc} 0 \to & \mathrm{Pic}(\tilde{S}_A) & \to & \mathrm{Pic}(\tilde{X}_A) & \to & \mathrm{Pic}(\tilde{X}_K) \\ & \alpha\downarrow & & \downarrow & & \downarrow\gamma \\ & \mathrm{Pic}(\hat{S}_A) & \underset{\beta}{\to} & \mathrm{Pic}(\hat{X}_A) & \to & \mathrm{Pic}(\hat{X}_K) \end{array}$$

où la première ligne est exacte (1.3), α injectif (II 2.7), β injectif (II 2.5) et γ injectif (II 2.6) car $R \tilde{\otimes}_k K$ est noethérien (II 8.6), donc $R \tilde{\otimes}_k K \to R \hat{\otimes}_k K$ fidèlement plat.

Remarque 1.5.- Pour toute k-algèbre locale noethérienne A d'anneau total de fractions K, l'application canonique $\mathrm{Pic}(\hat{X}_A) \to \mathrm{Pic}(\hat{X}_K)$ est injective.

Démonstration. Cela résulte immédiatement du lemme 1.1 et de la représentabilité de la section unité du foncteur de Picard $\underline{\mathrm{Pic}}_{X_n/k}$ par une immersion fermée pour tout $n \geqslant 0$.

2. <u>Le sous-groupe</u> $\underline{\mathrm{Pic}^{\#}_{\tilde{X}/k}}$ <u>de</u> $\underline{\mathrm{Pic}_{\tilde{X}/k}}$.

On note V [resp. W] l'ouvert complémentaire de la fibre fermée dans X [resp. $S = \mathrm{Spec}\ \Gamma(X,\underline{O}_X)$] . On a alors, pour toute k-algèbre A , des homomorphismes canoniques

$$\mathrm{Pic}(\tilde{X}_A) \xrightarrow{\varphi} \mathrm{Pic}(\tilde{V}_A) \xleftarrow{\psi} \mathrm{Pic}(\tilde{W}_A)$$

et on note $\mathrm{Pic}^{\#}(\tilde{X}_A) = \varphi^{-1}(\psi(\mathrm{Pic}(\tilde{W}_A)))$.

Notons $q_A : \tilde{V}_A \to \tilde{W}_A$ le morphisme évident. D'après [41] III 2.4, étant donné un faisceau inversible L sur $\tilde{X}_A$, l'image de L dans $\mathrm{Pic}(\tilde{X}_A)$ appartient à $\mathrm{Pic}^{\#}(\tilde{X}_A)$ si et seulement si $q_{A*}(L|\tilde{V}_A)$ est inversible sur $\tilde{W}_A$ et que l'homomorphisme canonique $q_A^*q_{A*}(L|\tilde{V}_A) \to L|\tilde{V}_A$ est un isomorphisme.

LEMME 2.1.- <u>L'application canonique</u>

$$\mathrm{Pic}^{\#}(\tilde{X}_A) \to \mathrm{Pic}(\tilde{W}_A) ,$$

<u>définie par</u> $L \mapsto q_{A*}(L|\tilde{V}_A)$ <u>est fonctorielle en</u> A .

<u>Démonstration</u>. Soit A' une A-algèbre. Considérons le diagramme commutatif

$$\begin{array}{ccc} \tilde{X}_A & \xleftarrow{x} & \tilde{X}_{A'} \\ j\uparrow & & \uparrow j' \\ \tilde{V}_A & \xleftarrow{v} & \tilde{V}_{A'} \\ q\downarrow & & \downarrow q' \\ \tilde{W}_A & \xleftarrow{w} & \tilde{W}_{A'} \end{array} .$$

Il s'agit de montrer que, si L est un faisceau inversible sur $\tilde{X}_A$ dont la classe appartient à $\mathrm{Pic}^{\#}(\tilde{X}_A)$, on a

$$w^*q_*j^*L = q'_*j'^*x^*L .$$

Posons $M = j^*L$; on a clairement $j'^*x^*L = v^*j^*L = v^*M$, il s'agit donc de montrer que $w^*q_*M = q'_*v^*M$. Par hypothèse, on a $M = q^*q_*M$, donc

$$q'_*v^*M = q'_*v^*q^*q_*M = q'_*q'^*w^*q_*M .$$

Mais w^*q_*M est inversible et $q'_*\underline{O}_{\tilde{V}_{A'}} = \underline{O}_{\tilde{W}_{A'}}$, donc

$$q'_* q'^* w^* q_* M = w^* q_* M \ .$$

DÉFINITION 2.2.- On notera $\underline{\mathrm{Pic}}^{\#}_{\tilde{X}/k}$ le faisceau en groupes abéliens pour la topologie étale sur les k-algèbres associé au préfaisceau $A \mapsto \mathrm{Pic}^{\#}(\tilde{X}_A)$.

Notons $\underline{\mathrm{Picloc}}_{R'/k}$ le faisceau en groupes abéliens pour la topologie étale sur les k-algèbres associé au préfaisceau $A \mapsto \mathrm{Pic}(\tilde{W}_A)$. Par passage aux faisceaux associés, l'application 2.1 sur les préfaisceaux définit un homomorphisme canonique

$$\underline{\mathrm{Pic}}^{\#}_{\tilde{X}/k} \to \underline{\mathrm{Picloc}}_{R'/k} \ .$$

DÉFINITION 2.3.- On dit qu'un R-schéma propre X vérifie la condition (N) si, en tout point x de la fibre fermée, l'anneau local $\underline{O}_{X,x}$ est, soit un anneau de valuation discrète, soit un anneau de profondeur $\geqslant 2$.

Dans le cas où R est un anneau de valuation discrète, on retrouve la condition (N) considérée par M. Raynaud dans [43].

On se propose de démontrer le résultat suivant :

THÉORÈME 2.4.- Supposons vérifiée l'une des deux conditions suivantes :

(i) R est essentiellement de type fini sur k ,

(ii) k est parfait et X vérifie la condition (N) .

Alors le foncteur $\underline{\mathrm{Pic}}^{\#}_{\tilde{X}/k}$ est représentable par un k-schéma en groupes localement de type fini.

Comme on l'a signalé plus haut, il est vraisemblable que les conditions (i) ou (ii) sont superflues ; en tout cas on verra aux paragraphes 4 et 5 que le théorème reste vrai sous une hypothèse plus faible que la condition (N) qui nous suffira pour les applications.

PROPOSITION 2.5.- Le foncteur $\underline{\mathrm{Pic}}^{\#}_{\tilde{X}/k}$ vérifie les propriétés suivantes :

a) $\underline{\mathrm{Pic}}^{\#}_{\tilde{X}/k}$ est localement de présentation finie.

b) $\underline{\mathrm{Pic}}^{\#}_{\tilde{X}/k}$ est un faisceau pour la topologie fppf.

c) *la section unité de* $\underline{\mathrm{Pic}}^{\#}_{\tilde{X}/k}$ *est représentable par une immersion fermée de présentation finie.*

Démonstration. a) Le foncteur $A \mapsto \mathrm{Pic}^{\#}(\tilde{X}_A)$ est localement de présentation finie d'après II 1.1, il en est de même de $\underline{\mathrm{Pic}}^{\#}_{\tilde{X}/k}$ d'après II 1.2 .

b) Le foncteur $\underline{\mathrm{Pic}}_{\tilde{X}/k}$ est un faisceau pour la topologie fppf (II 3.3) et la condition caractérisant $\mathrm{Pic}^{\#}(\tilde{X}_A)$ dans $\mathrm{Pic}(\tilde{X}_A)$ est locale pour la topologie fppf sur $\mathrm{Spec}(A)$.

c) Résulte de l'assertion analogue pour $\underline{\mathrm{Pic}}_{\tilde{X}/k}$ (1.2).

Pour montrer que le foncteur $\underline{\mathrm{Pic}}^{\#}_{\tilde{X}/k}$ est représentable, il reste à montrer qu'il est effectivement proreprésentable. Vérifions tout d'abord la proreprésentabilité. Remarquons que, si A est une k-algèbre finie, on a :

$$\mathrm{Pic}^{\#}(\tilde{X}_A) = \mathrm{Ker}\{\mathrm{Pic}(\tilde{X}_A) \to \prod_{\underline{p} \in \mathrm{Spec}(R)-\{\underline{m}\}} \mathrm{Pic}(\tilde{X}_{\underline{p},A})\} ,$$

d'où par passage au faisceau associé :

$$\underline{\mathrm{Pic}}^{\#}_{\tilde{X}/k}(A) = \mathrm{Ker}\{\underline{\mathrm{Pic}}_{\tilde{X}/k}(A) \to \prod_{\underline{p} \in \mathrm{Spec}(R)-\{\underline{m}\}} \underline{\mathrm{Pic}}_{\tilde{X}_{\underline{p}}/k}(A)\} . \tag{2.6}$$

Rappelons un résultat démontré en II 4.6 :

PROPOSITION 2.7.- *Supposons* R *hensélien et soit* $A' \to A \to A_0$ *une situation de déformation de k-algèbres finies avec* $M = \mathrm{Ker}(A' \to A)$. *Alors, pour tout* $\underline{p} \in \mathrm{Spec}(R)$, *on a une suite exacte :*

$$0 \to H^1(X_{\underline{p}}, \underline{O}_{X_{\underline{p}}}) \otimes_k M \to \underline{\mathrm{Pic}}_{\tilde{X}_{\underline{p}}/k}(A') \to \mathrm{Pic}_{\tilde{X}_{\underline{p}}/k}(A) \to H^2(X_{\underline{p}}, \underline{O}_{X_{\underline{p}}}) \otimes_k M .$$

COROLLAIRE 2.8.- *Soient* $A' \to A \to A_0$ *une situation de déformation de k-algèbres finies et* $B \to A$ *un homomorphisme de k-algèbres tel que l'homomorphisme composé* $B \to A_0$ *soit une extension infinitésimale. Alors l'application canonique*

$$\underline{\mathrm{Pic}}^{\#}_{\tilde{X}/k}(A' \times_A B) \to \underline{\mathrm{Pic}}^{\#}_{\tilde{X}/k}(A') \times_{\underline{\mathrm{Pic}}^{\#}_{\tilde{X}/k}(A)} \mathrm{Pic}^{\#}_{\tilde{X}/k}(B)$$

est bijective.

Démonstration. Soient $B' = A' \times_A B$ et $M = \mathrm{Ker}(A' \to A)$. Alors $B' \to B \to A_o$ est une situation de déformation et on a un diagramme commutatif à lignes exactes :

$$\begin{array}{ccccccccc} 0 & \to & M & \to & B' & \to & B & \to & 0 \\ & & \| & & \downarrow & & \downarrow & & \\ 0 & \to & M & \to & A' & \to & A & \to & 0 \ . \end{array}$$

Le corollaire résulte de (2.6) et des suites exactes déduites du diagramme ci-dessus (2.7).

COROLLAIRE 2.9.- L'espace tangent de $\underline{\mathrm{Pic}}^{\#}_{\tilde{X}/k}$ est isomorphe à $H^o_{\underline{m}}(H^1(X,\underline{O}_X))$, en particulier c'est un k-espace vectoriel de dimension finie.

Démonstration. En effet, d'après ce qui précède, l'espace tangent de $\underline{\mathrm{Pic}}^{\#}_{\tilde{X}/k}$ est isomorphe à

$$\mathrm{Ker}\{H^1(X,\underline{O}_X) \to \prod_{\underline{p} \in \mathrm{Spec}(R) - \{\underline{m}\}} H^1(X_{\underline{p}},\underline{O}_{X_{\underline{p}}})\} ,$$

du moins si R est hensélien, et on a $H^1(X_{\underline{p}},\underline{O}_{X_{\underline{p}}}) = H^1(X,\underline{O}_X) \otimes_R R_{\underline{p}}$. L'assertion est encore valable si R n'est pas hensélien, car $H^o_{\underline{m}}(H^1(X,\underline{O}_X))$ est invariant par passage de R à son hensélisé. Enfin la finitude de $H^o_{\underline{m}}(H^1(X,\underline{O}_X)$ sur k résulte de la finitude de $H^1(X,\underline{O}_X)$ sur R (EGA III, 3.2).

Remarque 2.10.- Plus généralement, le raisonnement qui précède montre que, pour tout corps A_o extension finie de k et tout A_o-module de type fini M, $D(A_o,M)$ est un A_o-module de type fini.

PROPOSITION 2.11.- Le foncteur $\underline{\mathrm{Pic}}^{\#}_{\tilde{X}/k}$ est prореprésentable.

Démonstration. En effet on vient de voir que les conditions du critère de Schlessinger (I 2.6) sont réalisées (2.5 b et c, 2.8, 2.10).

3. <u>Proreprésentabilité effective de</u> $\underline{\mathrm{Pic}}^{\#}_{\tilde{X}/k}$.

Pour toute k-algèbre A , on note $\mathrm{Pic}^{\#}(\hat{X}_A)$ le sous-groupe de $\mathrm{Pic}(\hat{X}_A)$ formé des classes de faisceaux inversibles sur $\hat{X}_A$ dont la restriction à $\hat{V}_A$ est localement triviale pour la topologie de Zariski sur $\hat{W}_A$.

Soit $(\bar{A},\xi_n)$ la déformation formelle qui proreprésente $\underline{\mathrm{Pic}}^{\#}_{\tilde{X}/k}$ à l'origine : $\bar{A}$ est une k-algèbre locale noethérienne complète de corps résiduel k et d'idéal maximal I et, pour tout $n \geqslant 0$, on a $\xi_n \in \underline{\mathrm{Pic}}^{\#}_{\tilde{X}/k}(\bar{A}/I^{n+1})$. On a même $\xi_n \in \mathrm{Pic}^{\#}(\tilde{X}_{\bar{A}/I^{n+1}})$ d'après II 4.9. Soit $\bar{\xi}_n$ l'image de ξ_n dans $\mathrm{Pic}^{\#}(\hat{X}_{\bar{A}/I^{n+1}})$. D'après le théorème d'algébrisation des faisceaux formels de Grothendieck (EGA III, 5.1.4), il existe $\bar{\xi} \in \mathrm{Pic}(\hat{X}_{\bar{A}})$ induisant les $\bar{\xi}_n$.

PROPOSITION 3.1.- <u>On a</u> $\bar{\xi} \in \mathrm{Pic}^{\#}(\hat{X}_{\bar{A}})$.

<u>Démonstration</u>. Soient k' la clôture parfaite de k et $\bar{A}' = \bar{A} \hat{\otimes}_k k'$. Le fait que $\bar{\xi}|\hat{V}_{\bar{A}}$ est localement trivial au-dessus de $\hat{W}_{\bar{A}}$ pouvant se vérifier après un changement de base fidèlement plat quasi-compact, il suffit de montrer que l'image de $\bar{\xi}$ dans $\mathrm{Pic}(\hat{X}_{\bar{A}'})$ appartient à $\mathrm{Pic}^{\#}(\hat{X}_{\bar{A}'})$. On sait qu'il existe une k'-algèbre finie locale A' et un k'-isomorphisme de $\bar{A}'$ avec un anneau de séries formelles à coefficients dans A' . Quitte à remplacer R par $R \tilde{\otimes}_k A'$, on peut donc supposer que $\bar{A} = k[[T_1,\dots,T_s]]$. On notera $B = R \hat{\otimes}_k \bar{A} = \hat{R}[[T_1,\dots,T_s]]$.

Soit $\bar{L}$ un faisceau inversible sur $\hat{X}_{\bar{A}}$ qui représente $\bar{\xi}$ et soit $\underline{p}$ un idéal premier de $\hat{R}$ différent de l'idéal maximal. L'hypothèse $\bar{\xi}_n \in \mathrm{Pic}^{\#}(\hat{X}_{\bar{A}/I^{n+1}})$ pour tout $n \geqslant 0$ et le lemme 1.1 montrent que $\bar{L}$ est trivial au-dessus du localisé de B en $(\underline{p},T_1,\dots,T_s)$. Comme les fibres du morphisme $\mathrm{Spec}(B) \to \mathrm{Spec}(\hat{R})$ sont intègres, il en résulte que $\bar{L}$ est trivial au-dessus du localisé de B en le point générique de la fibre au-dessus de $\underline{p}$.

Soit maintenant $\underline{q}$ un idéal premier de B tel que $\underline{q} \cap \hat{R} = \underline{p}$ et soient $\bar{R}_{\underline{p}}$ et $\bar{B}_{\underline{q}}$ les complétés de $\hat{R}_{\underline{p}}$ et $B_{\underline{q}}$ pour la topologie $\underline{p}$-adique. Choisissons un corps de représentants $k_{\underline{p}}$ de $\bar{R}_{\underline{p}}$. Comme l'homomorphisme $\bar{R}_{\underline{p}} \to \bar{B}_{\underline{q}}$ est formellement lisse (EGA IV, 7.4.7), il existe un $\bar{R}_{\underline{p}}$-isomorphisme $\bar{B}_{\underline{q}} \simeq \bar{R}_{\underline{p}} \hat{\otimes}_{k_{\underline{p}}} (\bar{B}_{\underline{q}}/\underline{p}\bar{B}_{\underline{q}})$

(EGA 0_{IV}, 19.7.1.5). La remarque 1.5 montre alors que l'image réciproque de $\bar{L}$ au-dessus de $\bar{B}_{\underline{q}}$ est triviale ; par descente fidèlement plate, il en résulte que $\bar{L}$ est trivial au-dessus de $B_{\underline{q}}$; d'où la proposition.

Soit $\hat{q}_{\bar{A}} : \hat{V}_{\bar{A}} \to \hat{W}_{\bar{A}}$ le morphisme évident. La proposition 3.1 montre que $\hat{q}_{\bar{A}*}(\bar{L}|\hat{V}_{\bar{A}})$ est un faisceau inversible $\bar{M}$ sur $\hat{W}_{\bar{A}}$. D'après R. Elkik ([21], th. 3 et remarque 2 page 587), il existe un faisceau inversible M sur $\tilde{W}_{\bar{A}}$ dont l'image réciproque sur $\hat{W}_{\bar{A}}$ est isomorphe à $\bar{M}$. Soient $\bar{N}$ la restriction de $\bar{L}$ à $\hat{V}_{\bar{A}}$ et $N = q_{\bar{A}}^{*}M$ l'image réciproque de M sur $\tilde{V}_{\bar{A}}$. Par construction l'image réciproque de N sur $\hat{V}_{\bar{A}}$ est isomorphe à $\bar{N}$. Il s'agit maintenant d'étendre N en un faisceau inversible L sur $\tilde{X}_{\bar{A}}$ dont l'image réciproque sur $\hat{X}_{\bar{A}}$ soit isomorphe à $\bar{L}$.

Si $R \tilde{\otimes}_k \bar{A}$ est noethérien (en particulier si R est essentiellement de type fini sur k), l'existence de L est assurée par un théorème de M. Artin (cf. [6], th. 2.6 et aussi D. Ferrand-M. Raynaud [22], Appendice) qui montre l'équivalence entre la catégorie des faisceaux cohérents sur $\tilde{X}_{\bar{A}}$ et la catégorie des triplets $(F_1, \bar{F}, \varphi)$ où F_1 est un faisceau cohérent sur $\tilde{V}_{\bar{A}}$, $\bar{F}$ un faisceau cohérent sur $\hat{X}_{\bar{A}}$ et φ un isomorphisme entre l'image réciproque de F_1 sur $\hat{V}_{\bar{A}}$ et la restriction de $\bar{F}$ à $\hat{V}_{\bar{A}}$. D'où :

PROPOSITION 3.2.- <u>Si</u> R <u>est essentiellement de type fini sur</u> k, <u>le foncteur</u> $\underline{\mathrm{Pic}}^{\#}_{\tilde{X}/k}$ <u>est effectivement proreprésentable.</u>

<u>Démonstration.</u> On vient de montrer que $\underline{\mathrm{Pic}}^{\#}_{\tilde{X}/k}$ est effectivement proreprésentable à l'origine ; la proposition en résulte par le lemme I 2.5 sachant que $\underline{\mathrm{Pic}}^{\#}_{\tilde{X}/k}$ est un faisceau pour la topologie fppf et que la section unité de $\underline{\mathrm{Pic}}^{\#}_{\tilde{X}/k}$ est représentable par une immersion (2.5).

Compte tenu du théorème de représentabilité d'Artin (I 2.1), ceci achève la démonstration de la représentabilité de $\underline{\mathrm{Pic}}^{\#}_{\tilde{X}/k}$ lorsque R est essentiellement de type fini sur k. La suite de ce paragraphe est consacrée à la démonstration dans le cas où k est parfait et X vérifie la condition (N).

PROPOSITION 3.3.- <u>Supposons que</u> k <u>est parfait et que</u> X <u>vérifie la condition</u> (N) (2.3). <u>Soit</u> A <u>une</u> k-<u>algèbre locale normale de corps des fractions</u> K . <u>Alors le diagramme</u>

$$\begin{array}{ccc} \mathrm{Pic}(\tilde{X}_A) & \to & \mathrm{Pic}(\tilde{V}_A) \\ \downarrow & & \downarrow \\ \mathrm{Pic}(\tilde{X}_K) & \to & \mathrm{Pic}(\tilde{V}_K) \end{array}$$

<u>est cartésien</u>.

<u>Démonstration</u>. L'application $\mathrm{Pic}(\tilde{X}_A) \to \mathrm{Pic}(\tilde{X}_K) \times_{\mathrm{Pic}(\tilde{V}_K)} \mathrm{Pic}(\tilde{V}_A)$ est injective, car il en est ainsi de l'application $\mathrm{Pic}(\tilde{X}_A) \to \mathrm{Pic}(\tilde{X}_K)$ d'après (1.3).

Ecrivons $A = \varinjlim A_i$, où $\{A_i\}$ est le système inductif filtrant des sous-k-algèbres de type fini normales de A [c'est possible, car la normalisée d'une k-algèbre de type fini est une k-algèbre de type fini]. Les corps des fractions K_i des A_i forment un système inductif filtrant et on a $K = \varinjlim K_i$. Les applications canoniques $\varinjlim \mathrm{Pic}(\tilde{X}_{A_i}) \to \mathrm{Pic}(\tilde{X}_A)$ et $\varinjlim(\mathrm{Pic}(\tilde{X}_{K_i}) \times_{\mathrm{Pic}(\tilde{V}_{K_i})} \mathrm{Pic}(\tilde{V}_{A_i})) \to \mathrm{Pic}(\tilde{X}_K) \times_{\mathrm{Pic}(\tilde{V}_K)} \mathrm{Pic}(\tilde{V}_A)$ sont bijectives (II 1.1). Il suffit donc de démontrer la surjectivité de l'application $\mathrm{Pic}(\tilde{X}_A) \to \mathrm{Pic}(\tilde{X}_K) \times_{\mathrm{Pic}(\tilde{V}_K)} \mathrm{Pic}(\tilde{V}_A)$ lorsque A est une k-algèbre de type fini intègre normale de corps des fractions K .

On a $K = \varinjlim A_f$ pour $f \in A-\{0\}$, par suite un élément ξ de $\mathrm{Pic}(\tilde{X}_K) \times_{\mathrm{Pic}(\tilde{V}_K)} \mathrm{Pic}(\tilde{V}_A)$ provient d'un élément ξ_f de $\mathrm{Pic}(\tilde{X}_{A_f}) \times_{\mathrm{Pic}(\tilde{V}_{A_f})} \mathrm{Pic}(\tilde{V}_A)$ pour $f \in A$ convenable. On notera par $(\ )_f$ le changement de base $A \to A_f$. Les anneaux $(R \tilde{\otimes}_k A)_f$ et $R \tilde{\otimes}_k A_f$ sont noethériens et l'homomorphisme canonique $(R \tilde{\otimes}_k A)_f \to R \tilde{\otimes}_k A_f$ induit un isomorphisme de leurs complétés pour la topologie $\underline{m}$-adique. Ainsi, d'après le théorème d'Artin cité plus haut ([6], th. 2.6), l'image de ξ_f dans $\mathrm{Pic}(\tilde{X}_{A_f}) \times_{\mathrm{Pic}(\tilde{V}_{A_f})} \mathrm{Pic}((\tilde{V}_A)_f)$ provient d'un élément ξ_f' de $\mathrm{Pic}((\tilde{X}_A)_f)$. Par construction ξ_f et ξ_f' ont même image dans $\mathrm{Pic}((\tilde{V}_A)_f)$, il existe donc un faisceau inversible sur $(\tilde{X}_A)_f \cup \tilde{V}_A$ qui induit à la fois ξ_f et ξ_f' . Soit Z le fermé complémentaire de $(\tilde{X}_A)_f \cup \tilde{V}_A$ dans $\tilde{X}_A$; par construction Z est contenu dans la fibre spéciale de $\tilde{X}_A \to \mathrm{Spec}(R)$ et ne rencontre pas la fibre générique de

$\tilde{X}_A \to \mathrm{Spec}(A)$. On conclut donc grâce au lemme suivant :

LEMME 3.4.- <u>Supposons que</u> k <u>est parfait et que</u> X <u>vérifie la condition</u> (N). <u>Soient</u> A <u>une</u> k-<u>algèbre de type fini intègre normale et</u> Z <u>un fermé de</u> $\tilde{X}_A$ <u>contenu dans la fibre spéciale de</u> $\tilde{X}_A \to \mathrm{Spec}(R)$ <u>et ne rencontrant pas la fibre générique de</u> $\tilde{X}_A \to \mathrm{Spec}(A)$. <u>Alors le couple</u> $(\tilde{X}_A, Z)$ <u>est parafactoriel</u>.

<u>Démonstration</u>. D'après EGA IV 21.13.10, la question est locale aux points de Z. Soit z un point de Z et soit w l'image de z dans $X_A = X \otimes_k A$. Par construction $\underline{O}_{\tilde{X}_A,z}$ est une $\underline{O}_{X_A,w}$ algèbre locale ind-étale ; pour montrer que $\underline{O}_{\tilde{X}_A,z}$ est parafactoriel, il suffit donc de montrer que $\underline{O}_{X_A,w}$ est géométriquement parafactoriel. Soient x l'image de z dans X et y son image dans Spec(A) . Par hypothèse, il y a trois cas possibles :

a) $\underline{O}_{X,x}$ et A_y sont des anneaux de valuation discrète, alors $\underline{O}_{X_A,w}$ est régulier (puisque k est parfait) et de dimension $\geqslant 2$, donc géométriquement parafactoriel.

b) $\underline{O}_{X,x}$ est un anneau de valuation discrète et $\mathrm{prof}(A_y) \geqslant 2$, alors d'après III §1, X_A est géométriquement parafactoriel en tous les points qui ont pour image x dans X et y dans Spec(A) en particulier en w .

c) $\mathrm{prof}(\underline{O}_{X,x}) \geqslant 2$ et $\mathrm{prof}(A_y) \geqslant 1$, alors toujours d'après III §1, X_A est géométriquement parafactoriel en w .

Pour appliquer les résultats précédents au problème de l'effectivité de la déformation formelle universelle de $\underline{\mathrm{Pic}}^{\#}_{X/k}$ à l'origine, nous allons nous ramener à une déformation formelle réduite (et même normale). Pour cela nous aurons besoin de préciser la théorie de déformation de $\underline{\mathrm{Pic}}^{\#}_{X/k}$. On notera $H^i = H^i_{\underline{m}}(H^1(X,\underline{O}_X))$.

Soit $A' \to A \to A_0$ une situation de déformation avec $M = \mathrm{Ker}\{A' \to A\}$. Alors on a une suite exacte (II 4.2) :

$$(*) \qquad 0 \to H^1(X,\underline{O}_X) \tilde{\otimes}_k M \to \mathrm{Pic}(\tilde{X}_{A'}) \to \mathrm{Pic}(\tilde{X}_A) \xrightarrow{\phi} H^2(X,\underline{O}_X) \tilde{\otimes}_k M .$$

On notera $N = \mathrm{Ker}\,\phi$ et $N^{\#} = N \cap \mathrm{Pic}^{\#}(\tilde{X}_A)$.

LEMME 3.5.- <u>On a une suite exacte canonique</u> :

$$0 \to H^{\circ} \tilde{\otimes}_k M \to \mathrm{Pic}^{\#}(\tilde{X}_{A'}) \to N^{\#} \to H^1 \tilde{\otimes}_k M .$$

<u>Démonstration.</u> Soient $M_{\tilde{X}_A}$ l'image réciproque de M sur $\tilde{X}_A$ et $p : \tilde{X}_A \to \mathrm{Spec}(R \tilde{\otimes}_k A)$ le morphisme canonique. On déduit de la suite exacte :

$$0 \to M_{\tilde{X}_A} \to \underline{O}^*_{\tilde{X}_{A'}} \to \underline{O}^*_{\tilde{X}_A} \to 1$$

une suite exacte de cohomologie :

$$0 \to R^1 p_* M_{\tilde{X}_A} \to R^1 p_* \underline{O}^*_{\tilde{X}_{A'}} \to R^1 p_* \underline{O}^*_{\tilde{X}_A}$$

(cf. dém. de la prop. II 4.2), d'où en particulier une suite exacte :

$$(**) \qquad 0 \to H^{\circ}(\tilde{U}_A, R^1 p_* M_{\tilde{X}_A}) \to H^{\circ}(\tilde{U}_A, R^1 p_* \underline{O}^*_{\tilde{X}_{A'}}) \to H^{\circ}(\tilde{U}_A, R^1 p_* \underline{O}^*_{\tilde{X}_A}) .$$

Comme $R \tilde{\otimes}_k M$ est plat sur R , on a

$$H^{\circ}(\tilde{U}_A, R^1 p_* M_{\tilde{X}_A}) = H^{\circ}(U, H^1(X, \underline{O}_X)) \tilde{\otimes}_k M .$$

De plus on a par définition :

$$\mathrm{Pic}^{\#}(\tilde{X}_{A'}) = \mathrm{Ker}\{\mathrm{Pic}(\tilde{X}_{A'}) \to H^{\circ}(\tilde{U}_A, R^1 p_* \underline{O}^*_{\tilde{X}_{A'}})\} ,$$

$$N^{\#} = \mathrm{Ker}\{ \quad N \quad \to H^{\circ}(\tilde{U}_A, R^1 p_* \underline{O}^*_{\tilde{X}_A})\} .$$

La suite exacte voulue résulte donc, grâce au lemme du serpent et à l'exactitude du foncteur $. \mapsto . \tilde{\otimes}_k M$ sur les R-modules, du diagramme commutatif d'homomorphismes canoniques dont les lignes sont les suites exactes $(*)$ et $(**)$.

De même on a une suite exacte (II 4.2) :

$$0 \to H^1(X, \underline{O}_X) \hat{\otimes}_k M \to \mathrm{Pic}(\hat{X}_{A'}) \to \mathrm{Pic}(\hat{X}_A) \xrightarrow{\hat{\phi}} H^2(X, \underline{O}_X) \hat{\otimes}_k M .$$

Si l'on note $\hat{N} = \mathrm{Ker}\ \hat{\phi}$ et $\hat{N}^{\#} = \hat{N} \cap \mathrm{Pic}^{\#}(\hat{X}_A)$, on a

LEMME 3.6.- <u>On a une suite exacte canonique</u> :

$$0 \to H^{\circ} \hat{\otimes}_k M \to \mathrm{Pic}^{\#}(\hat{X}_{A'}) \to \hat{N}^{\#} \to H^1 \hat{\otimes}_k M .$$

La démonstration est analogue à celle du lemme 3.5.

<u>Remarque</u> 3.7.- Par définition H^i est un R-module à support dans le point fermé de $\mathrm{Spec}(R)$, on a donc $H^i \tilde{\otimes}_k M \simeq H^i \hat{\otimes}_k M \simeq H^i \otimes_k M$ quel que soit $i \geq 0$.

PROPOSITION 3.8.- <u>Si</u> $A' \to A \to A_0$ <u>est une situation de déformation, le diagramme</u>

$$\begin{array}{ccc} \mathrm{Pic}^{\#}(\tilde{X}_{A'}) & \to & \mathrm{Pic}^{\#}(\tilde{X}_A) \\ \downarrow & & \downarrow \\ \mathrm{Pic}^{\#}(\hat{X}_{A'}) & \to & \mathrm{Pic}^{\#}(\hat{X}_A) \end{array}$$

<u>est cartésien.</u>

<u>Démonstration.</u> Cela résulte immédiatement des suites exactes précédentes, de l'injectivité de l'application canonique $H^2(X,\underline{O}_X) \tilde{\otimes}_k M \to H^2(X,\underline{O}_X) \hat{\otimes}_k M$ (II 8.9) et de la remarque ci-dessus.

COROLLAIRE 3.9.- <u>Pour toute</u> k-<u>algèbre noethérienne</u> A , <u>le diagramme</u>

$$\begin{array}{ccc} \mathrm{Pic}^{\#}(\tilde{X}_A) & \to & \mathrm{Pic}^{\#}(\tilde{X}_{A_{red}}) \\ \downarrow & & \downarrow \\ \mathrm{Pic}^{\#}(\hat{X}_A) & \to & \mathrm{Pic}^{\#}(\hat{X}_{A_{red}}) \end{array}$$

<u>est cartésien.</u>

PROPOSITION 3.10.- <u>Supposons que</u> k <u>est parfait et que</u> X <u>vérifie la condition</u> (N). <u>Alors le foncteur</u> $\underline{\mathrm{Pic}}^{\#}_{\tilde{X}/k}$ <u>est effectivement prореprésentable.</u>

<u>Démonstration.</u> Soit $(\bar{A},\xi_n)$ la déformation formelle qui proreprésente $\underline{\mathrm{Pic}}^{\#}_{\tilde{X}/k}$ à l'origine. D'après 3.1, il existe $\bar{\xi} \in \mathrm{Pic}^{\#}(\hat{X}_{\bar{A}})$ induisant les ξ_n ; il s'agit de montrer que $\bar{\xi}$ provient d'un élément ξ de $\mathrm{Pic}^{\#}(\tilde{X}_{\bar{A}})$. D'après 3.9, on peut, quitte à remplacer $\bar{A}$ par $\bar{A}_{red}$, supposer que $\bar{A}$ est réduit. On sait alors que $\bar{A}$ est un anneau de séries formelles à coefficients dans k , en particulier est normal ; on notera $\bar{K}$ son corps des fractions.

L'image de $\bar{\xi}$ dans $\mathrm{Pic}(\hat{V}_{\bar{A}})$ provient d'un élément de $\mathrm{Pic}(\hat{W}_{\bar{A}})$, lequel provient d'un élément de $\mathrm{Pic}(\tilde{W}_{\bar{A}})$ d'après R. Elkik ; soit η l'image de cet élément dans

$\mathrm{Pic}(\tilde{V}_{\bar{A}})$. Par construction η et $\bar{\xi}$ ont même image dans $\mathrm{Pic}(\hat{V}_{\bar{K}})$; de plus comme $\tilde{R} \otimes_k \bar{K}$ est noethérien le diagramme

$$\begin{array}{ccc} \mathrm{Pic}(\tilde{X}_{\bar{K}}) & \to & \mathrm{Pic}(\tilde{V}_{\bar{K}}) \\ \downarrow & & \downarrow \\ \mathrm{Pic}(\hat{X}_{\bar{K}}) & \to & \mathrm{Pic}(\hat{V}_{\bar{K}}) \end{array}$$

est cartésien d'après un théorème d'Artin cité plus haut ; par suite les restrictions de η et $\bar{\xi}$ à $\mathrm{Pic}(\tilde{V}_{\bar{K}})$ et $\mathrm{Pic}(\hat{X}_{\bar{K}})$ respectivement définissent un élément ζ de $\mathrm{Pic}(\tilde{X}_{\bar{K}})$.

Par construction η et ζ ont même image dans $\mathrm{Pic}(\tilde{V}_{\bar{K}})$; de plus, d'après 3.3, le diagramme

$$\begin{array}{ccc} \mathrm{Pic}(\tilde{X}_{\bar{A}}) & \to & \mathrm{Pic}(\tilde{V}_{\bar{A}}) \\ \downarrow & & \downarrow \\ \mathrm{Pic}(\tilde{X}_{\bar{K}}) & \to & \mathrm{Pic}(\tilde{V}_{\bar{K}}) \end{array}$$

est cartésien ; par suite η et ζ définissent un élément ξ de $\mathrm{Pic}(\tilde{X}_{\bar{A}})$. Puisque η provient d'un élément de $\mathrm{Pic}(\tilde{W}_{\bar{A}})$, on a même $\xi \in \mathrm{Pic}^{\#}(\tilde{X}_{\bar{A}})$. De plus ξ et $\bar{\xi}$ ont même image dans $\mathrm{Pic}(\hat{X}_{\bar{K}})$, donc $\bar{\xi}$ est l'image de ξ dans $\mathrm{Pic}(\hat{X}_{\bar{A}})$ puisque l'application canonique $\mathrm{Pic}(\hat{X}_{\bar{A}}) \to \mathrm{Pic}(\hat{X}_{\bar{K}})$ est injective (1.5).

Ceci achève la démonstration du théorème 2.4 dans le cas où le corps k est parfait et où X vérifie la condition (N).

4. Dévissage de Oort.

Dans ce paragraphe, on étudie l'effet des éléments nilpotents de $\underline{O}_X$ sur $\underline{\mathrm{Pic}}^{\#}_{\tilde{X}/k}$. Le point clef de cette étude est la proposition suivante :

PROPOSITION 4.1.- *Soit* R *un anneau local noethérien. Soient* X *un schéma propre sur* Spec(R) , N *le nilradical de* $\underline{O}_X$, I *un idéal de* $\underline{O}_X$ *tel que* N.I = 0 *et* X' *le sous-schéma fermé de* X *défini par* I . *Alors la suite d'homomorphismes canoniques*

$$H^0(X,\underline{O}_{X'}) \to H^1(X,I) \to \mathrm{Pic}(X) \to \mathrm{Pic}(X') \to H^2(X,I)$$

est exacte.

Démonstration. De la suite exacte :

$$0 \to I \to \underline{O}_X \to \underline{O}_{X'} \to 0 \ ,$$

on déduit l'homomorphisme $H^0(X,\underline{O}_{X'}) \xrightarrow{\delta} H^1(X,I)$. Par ailleurs, comme I est un idéal de carré nul de $\underline{O}_X$, on a une suite exacte :

$$1 \to 1+I \to \underline{O}^*_X \to \underline{O}^*_{X'} \to 1 \ ,$$

d'où une suite exacte de cohomologie :

$$H^0(X,\underline{O}^*_{X'}) \xrightarrow{\delta^*} H^1(X,I) \to \mathrm{Pic}(X) \to \mathrm{Pic}(X') \to H^2(X,I) \ .$$

Il s'agit donc de montrer qu'on a $\mathrm{Im}\ \delta = \mathrm{Im}\ \delta^*$. Nous procéderons par étapes.

(a) *Cas où* R *est artinien à corps résiduel algébriquement clos* (F. Oort [40]). Soit $\{V_i\}$ un recouvrement de X par des ouverts affines. Soient $g \in H^0(X,\underline{O}^*_{X'})$ et g_i un relèvement de $g|V_i$ dans $H^0(V_i,\underline{O}^*_X)$. Alors $\delta^*(g)$ est égal à la classe du 1-cocycle $\delta^*_{ij} = g_i g_j^{-1} - 1$ et $\delta(g)$ à celle de $\delta_{ij} = g_i - g_j = g_j\ \delta^*_{ij} = g\ \delta^*_{ij}$; en particulier on a $\delta(g) = g\ \delta^*(g)$, tenant compte de l'opération de $H^0(X,\underline{O}_{X'})$ sur I (de carré nul), donc sur $H^1(X,I)$.

L'homomorphisme canonique $H^0(X,\underline{O}_X)_{red} \to H^0(X,\underline{O}_{X'})_{red}$ est bijectif ; en effet les deux membres s'identifient à $k^{\pi_0(X)}$, où k est le corps résiduel de R . Si l'on note $v : H^0(X,\underline{O}_X) \to H^0(X,\underline{O}_{X'})$ l'homomorphisme canonique, on a donc $g = v(h)+n$, pour $h \in H^0(X,\underline{O}_X)$ et $n \in$ nilradical de $H^0(X,\underline{O}_{X'})$. Comme $N.I = 0$, on a $n.I = 0$ et $\delta(g) = v(h)\ \delta^*(g)$; d'où $\delta^*(g) = \delta(v(h^{-1})g)$, en particulier $\mathrm{Im}\ \delta^* \subset \mathrm{Im}\ \delta$.

Finalement soit $g \in H^0(X,\underline{O}_{X'})$. On peut écrire $g = v(h)+n$ comme ci-dessus. Puisque $\delta v = 0$, on a $\delta(g) = \delta(n) = \delta(1+n) = \delta^*(1+n)$; d'où $\mathrm{Im}\ \delta \subset \mathrm{Im}\ \delta^*$.

(b) <u>Cas où R est complet à corps résiduel algébriquement clos.</u> On note $\underline{m}$ l'idéal maximal de R et, pour tout entier $n \geqslant 0$, on pose $X_n = X \otimes_R R/\underline{m}^{n+1}$, $X'_n = X' \otimes_R R/\underline{m}^{n+1}$ et $I_n = \mathrm{Ker}\{\underline{O}_{X_n} \to \underline{O}_{X'_n}\}$. On a alors des suites exactes :

$$H^0(X,\underline{O}_{X_n}) \to H^0(X,\underline{O}_{X'_n}) \xrightarrow{\delta_n} H^1(X,I_n) \to H^1(X,\underline{O}_{X_n}) \to H^1(X,\underline{O}_{X'_n}) .$$

Comme les systèmes projectifs $H^0(X,\underline{O}_{X_n})$ et $H^0(X,\underline{O}_{X'_n})$ vérifient la condition de Mittag-Leffler (EGA III, 4.1.7), on obtient en passant à la limite projective une suite exacte (EGA 0_{III}, 13.2) :

$$\varprojlim H^0(X,\underline{O}_{X'_n}) \xrightarrow{\varprojlim \delta_n} \varprojlim H^1(X,I_n) \to \varprojlim H^1(X,\underline{O}_{X_n}) \to \varprojlim H^1(X,\underline{O}_{X'_n}) .$$

Ainsi dans le diagramme commutatif d'homomorphismes canoniques :

$$\begin{array}{ccccccc} H^0(X,\underline{O}_{X'}) & \xrightarrow{\delta} & H^1(X,I) & \to & H^1(X,\underline{O}_X) & \to & H^1(X,\underline{O}_{X'}) \\ \downarrow & & \downarrow & & \downarrow & & \downarrow \\ \varprojlim H^0(X,\underline{O}_{X'_n}) & \xrightarrow{\varprojlim \delta_n} & \varprojlim H^1(X,I_n) & \to & \varprojlim H^1(X,\underline{O}_{X_n}) & \to & \varprojlim H^1(X,\underline{O}_{X'_n}) \end{array}$$

les lignes sont exactes et les homomorphismes $H^1(X,\underline{O}_X) \to \varprojlim H^1(X,\underline{O}_{X_n})$ et $H^1(X,\underline{O}_{X'}) \to \varprojlim H^1(X,\underline{O}_{X'_n})$ sont bijectifs (EGA III, 4.1.7). Par suite l'homomorphisme canonique $\mathrm{Coker}(\delta) \to \mathrm{Coker}(\varprojlim \delta_n)$ est bijectif.

D'autre part, on a d'après (a) des suites exactes :

$$H^0(X,\underline{O}_{X_n}) \to H^0(X,\underline{O}_{X'_n}) \xrightarrow{\delta_n} H^1(X,I_n) \to \mathrm{Pic}(X_n) \to \mathrm{Pic}(X'_n) ,$$

d'où par passage à la limite projective une suite exacte :

$$\varprojlim H^0(X,\underline{O}_{X'_n}) \xrightarrow{\varprojlim \delta_n} \varprojlim H^1(X,I_n) \to \varprojlim \mathrm{Pic}(X_n) \to \varprojlim \mathrm{Pic}(X'_n) .$$

Ainsi dans le diagramme commutatif d'homomorphismes canoniques :

$$\begin{array}{ccccccc} H^0(X,\underline{O}_{X'}) & \xrightarrow{\delta} & H^1(X,I) & \to & \mathrm{Pic}(X) & \to & \mathrm{Pic}(X') \\ \downarrow & & \downarrow & & \downarrow & & \downarrow \\ \varprojlim H^0(X,\underline{O}_{X'_n}) & \xrightarrow{\varprojlim \delta_n} & \varprojlim H^1(X,I_n) & \to & \varprojlim \mathrm{Pic}(X_n) & \to & \varprojlim \mathrm{Pic}(X'_n) \end{array}$$

la deuxième ligne est exacte, l'homomorphisme $\mathrm{Coker}(\delta) \to \mathrm{Coker}(\varprojlim \delta_n)$ est bijectif, les homomorphismes $\mathrm{Pic}(X) \to \varprojlim \mathrm{Pic}(X_n)$ et $\mathrm{Pic}(X') \to \varprojlim \mathrm{Pic}(X'_n)$ sont bijectifs d'après le théorème d'existence de Grothendieck (EGA III, 5.1.4) ; par suite la première ligne est exacte.

(c) Cas général. On peut trouver un anneau local noethérien complet à corps résiduel algébriquement clos $\bar{R}$ et un homomorphisme local et plat $R \to \bar{R}$ (EGA 0_I, 6.8). On notera $\bar{X} = X \otimes_R \bar{R}$, $\bar{X}' = X' \otimes_R \bar{R}$ et $\bar{I} = I \otimes_R \bar{R} = \mathrm{Ker}\{\underline{O}_{\bar{X}} \to \underline{O}_{\bar{X}'}\}$. Considérons le diagramme commutatif d'homomorphismes canoniques :

$$\begin{array}{ccccc} H^0(X,\underline{O}_{X'}) & \xrightarrow{\delta} & H^1(X,I) & \xrightarrow{\alpha} & \mathrm{Pic}(X) \\ \downarrow & & \downarrow & & \downarrow \\ H^0(\bar{X},\underline{O}_{\bar{X}'}) & \xrightarrow{\bar{\delta}} & H^1(\bar{X},\bar{I}) & \xrightarrow{\bar{\alpha}} & \mathrm{Pic}(\bar{X}) \end{array}$$

où la deuxième ligne est exacte d'après (b).

L'homomorphisme $\mathrm{Pic}(X) \to \mathrm{Pic}(\bar{X})$ est injectif (II 2.3), donc α définit une flèche (évidemment surjective) $\mathrm{Coker}(\delta) \to \mathrm{Im}(\alpha)$; il s'agit de montrer que cette flèche est injective. Or, par changement de base plat $R \to \bar{R}$, les homomorphismes canoniques $H^0(X,\underline{O}_{X'}) \otimes_R \bar{R} \to H^0(\bar{X},\underline{O}_{\bar{X}'})$ et $H^1(X,I) \otimes_R \bar{R} \to H^1(\bar{X},\bar{I})$ sont bijectifs ; par suite $\mathrm{Coker}(\bar{\delta}) = \mathrm{Coker}(\delta) \otimes_R \bar{R}$ et l'homomorphisme canonique $\mathrm{Coker}(\delta) \to \mathrm{Coker}(\bar{\delta})$ est injectif. Comme il en est de même de l'homomorphisme $\mathrm{Coker}(\bar{\delta}) \to \mathrm{Im}(\bar{\alpha})$, on a l'injectivité voulue.

COROLLAIRE 4.2.- Soit $f : X \to S$ un morphisme propre de schémas localement noethériens. Soient N le nilradical de $\underline{O}_X$, I un idéal de $\underline{O}_X$ tel que $N.I = 0$ et X' le sous-schéma fermé de X défini par I . Alors la suite d'homomorphismes canoniques de faisceaux pour la topologie étale sur la catégorie des schémas noethériens plats sur S

$$R^0 f_* \underline{O}_{X'} \to R^1 f_* I \to \underline{\mathrm{Pic}}_{X/S} \to \underline{\mathrm{Pic}}_{X'/S} \to R^2 f_* I$$

est exacte.

Démonstration. Les homomorphismes canoniques dont il est question sont définis par les suites exactes :

$$0 \to I \to \underline{O}_X \to \underline{O}_{X'} \to 0 ,$$

$$1 \to 1{+}I \to \underline{O}_X^* \to \underline{O}_{X'}^* \to 1 .$$

L'exactitude de la suite se vérifie sur les fibres. Comme tous les faisceaux considérés sont localement de présentation finie, le passage aux fibres donne une suite du type 4.1 avec R local noethérien (strictement hensélien). On se restreint aux schémas plats sur S pour que la formation de $\mathrm{Ker}\{\underline{O}_X \to \underline{O}_{X'}\}$ commute au changement de base.

Soient maintenant k un corps et R une k-algèbre locale noethérienne à corps résiduel k. Pour tout R-module M, on note $\tilde{W}_M$ le faisceau pour la topologie étale sur la catégorie des k-algèbres associé au préfaisceau $\mathbf{A} \mapsto M \tilde{\otimes}_k \mathbf{A}$ (II §8).

Soient X un schéma propre sur $\mathrm{Spec}(R)$, N le nilradical de $\underline{O}_X$, I un idéal de $\underline{O}_X$ tel que $N.I = 0$ et X' le sous-schéma fermé de X défini par I. On note $E = \mathrm{Coker}\{H^0(X,\underline{O}_{X'}) \to H^1(X,I)\}$.

PROPOSITION 4.3.- La suite d'homomorphismes canoniques de faisceaux pour la topologie étale sur les k-algèbres

$$0 \to \tilde{W}_E \to \underline{\mathrm{Pic}}_{\tilde{X}/k} \to \underline{\mathrm{Pic}}_{\tilde{X}'/k} \to \tilde{W}_{H^2(X,I)}$$

est exacte.

Démonstration. L'exactitude de la suite se vérifie sur les fibres aux points géométriques des k-algèbres de type fini (car tous les foncteurs considérés sont localement de présentation finie). Il s'agit alors de vérifier l'exactitude de la suite :

$$H^0(X,\underline{O}_{X'}) \tilde{\otimes}_k \mathbf{A} \to H^1(X,I) \tilde{\otimes}_k \mathbf{A} \to \mathrm{Pic}(\tilde{X}_{\mathbf{A}}) \to \mathrm{Pic}(\tilde{X}'_{\mathbf{A}}) \to H^2(X,I) \tilde{\otimes}_k \mathbf{A} ,$$

avec A local strictement hensélien essentiellement de type fini sur k , donc $R\tilde{\otimes}_k A$ noethérien. Puisque $R\tilde{\otimes}_k A$ est plat sur R , cette suite s'écrit encore :

$$H^0(\tilde{X}_A,\underline{O}_{\tilde{X}'_A}) \to H^1(\tilde{X}_A,\tilde{I}_A) \to \mathrm{Pic}(\tilde{X}_A) \to \mathrm{Pic}(\tilde{X}'_A) \to H^2(\tilde{X}_A,\tilde{I}_A) ;$$

elle est exacte d'après 4.1.

Soient U l'ouvert complémentaire du point fermé dans $\mathrm{Spec}(R)$ et V [resp. V'] l'ouvert complémentaire de la fibre fermée dans X [resp. X']. On note $\underline{\mathrm{Pic}}_{\tilde{V}/U}$ le faisceau pour la topologie étale sur la catégorie des k-algèbres associé au préfaisceau $A \mapsto \underline{\mathrm{Pic}}_{V/U}(\tilde{U}_A)$. On définit de même $\underline{\mathrm{Pic}}_{\tilde{V}'/U}$. On a :

$$\underline{\mathrm{Pic}}^{\#}_{\tilde{X}/k} = \mathrm{Ker}\{\underline{\mathrm{Pic}}_{\tilde{X}/k} \to \underline{\mathrm{Pic}}_{\tilde{V}/U}\} ,$$

$$\underline{\mathrm{Pic}}^{\#}_{\tilde{X}'/k} = \mathrm{Ker}\{\underline{\mathrm{Pic}}_{\tilde{X}'/k} \to \underline{\mathrm{Pic}}_{\tilde{V}'/U}\} .$$

PROPOSITION 4.4.- <u>On a une suite exacte canonique</u> :

$$0 \to \tilde{W}_{H^0(U,E)} \to \underline{\mathrm{Pic}}_{\tilde{V}/U} \to \underline{\mathrm{Pic}}_{\tilde{V}'/U} .$$

<u>Démonstration.</u> Il suffit de démontrer l'assertion en restriction à la catégorie des k-algèbres de type fini. Or, si A est une k-algèbre de type fini, $R\tilde{\otimes}_k A$ est noethérien et on a, d'après 4.2 une suite exacte :

$$0 \to H^0(\tilde{U}_A,R^1f_*I/\mathrm{Im}\ R^0f_*\underline{O}_{X'}) \to \underline{\mathrm{Pic}}_{V/U}(\tilde{U}_A) \to \underline{\mathrm{Pic}}_{V'/U}(\tilde{U}_A) .$$

De plus, par changement de base plat $R \to R\tilde{\otimes}_k A$, on a

$$H^0(\tilde{U}_A,R^1f_*I/\mathrm{Im}\ R^0f_*\underline{O}_{X'}) = H^0(U,E)\tilde{\otimes}_k A .$$

D'où la proposition par passage aux faisceaux associés.

PROPOSITION 4.5.- <u>L'homomorphisme canonique</u> $\varphi^{\#} : \underline{\mathrm{Pic}}^{\#}_{\tilde{X}/k} \to \underline{\mathrm{Pic}}^{\#}_{\tilde{X}'/k}$ <u>est représentable par un morphisme affine de présentation finie. Plus précisément le noyau de</u> $\varphi^{\#}$ <u>est isomorphe à</u> $\tilde{W}_{H^0_{\mathfrak{m}}(E)}$, <u>c'est un fibré vectoriel de rang fini</u> ; <u>et l'homomorphisme canonique</u> $\mathrm{Im}(\varphi^{\#}) \to \underline{\mathrm{Pic}}^{\#}_{\tilde{X}'/k}$ <u>est représentable par une immersion fermée de présentation finie</u> [<u>où</u> $\mathrm{Im}(\varphi^{\#})$ <u>est pris au sens des faisceaux pour la topologie étale</u>].

Démonstration. On raisonne dans la catégorie abélienne des faisceaux pour la topologie étale sur les k-algèbres. Considérons le diagramme commutatif de suites exactes :

$$\begin{array}{ccccccc} 0 \to \tilde{W}_E & \to & \underline{\mathrm{Pic}}_{\tilde{X}/k} & \xrightarrow{\varphi} & \underline{\mathrm{Pic}}_{\tilde{X}'/k} & \to & \tilde{W}_{H^2(X,I)} \\ \downarrow & & \downarrow & & \downarrow & & \\ 0 \to \tilde{W}_{H^0(U,E)} & \to & \underline{\mathrm{Pic}}_{\tilde{V}/U} & \to & \underline{\mathrm{Pic}}_{\tilde{V}'/U} & . & \end{array}$$

On en déduit qu'on a :

$$\mathrm{Im}(\varphi) \cap \underline{\mathrm{Pic}}^{\#}_{\tilde{X}'/k} = \mathrm{Ker}\{\underline{\mathrm{Pic}}^{\#}_{\tilde{X}'/k} \to \tilde{W}_{H^2(X,I)}\} ,$$

et (par le lemme du serpent) une suite exacte :

$$0 \to \tilde{W}_{H^0_{\underline{m}}(E)} \to \underline{\mathrm{Pic}}^{\#}_{\tilde{X}/k} \to \mathrm{Im}(\varphi) \cap \underline{\mathrm{Pic}}^{\#}_{\tilde{X}'/k} \to \tilde{W}_{H^1_{\underline{m}}(E)} ,$$

d'où
$$\mathrm{Ker}(\varphi^{\#}) = \tilde{W}_{H^0_{\underline{m}}(E)}$$

et
$$\mathrm{Im}(\varphi^{\#}) = \mathrm{Ker}\{\mathrm{Im}(\varphi) \cap \underline{\mathrm{Pic}}^{\#}_{\tilde{X}'/k} \to \tilde{W}_{H^1_{\underline{m}}(E)}\} .$$

Comme $E = H^1(X,I)/H^0(X,\underline{O}_{X'})$ est un R-module de type fini (EGA III, 3.2), $H^0_{\underline{m}}(E)$ est un R-module de longueur finie et $\tilde{W}_{H^0_{\underline{m}}(E)}$ est représentable par un fibré vectoriel de rang fini. Par ailleurs, comme les sections unités de $\tilde{W}_{H^2(X,I)}$ et $\tilde{W}_{H^1_{\underline{m}}(E)}$ sont représentables par des immersions fermées de présentation finie (II 8.8), il en est de même de l'homomorphisme canonique $\mathrm{Im}(\varphi^{\#}) \to \underline{\mathrm{Pic}}^{\#}_{\tilde{X}'/k}$.

COROLLAIRE 4.6.- <u>Soient</u> k <u>un corps et</u> R <u>une</u> k-<u>algèbre locale noethérienne à corps résiduel</u> k . <u>Soit</u> $Y \hookrightarrow X$ <u>une immersion nilpotente de</u> R-<u>schémas propres. Alors l'homomorphisme canonique</u> $\underline{\mathrm{Pic}}^{\#}_{\tilde{X}/k} \to \underline{\mathrm{Pic}}^{\#}_{\tilde{Y}/k}$ <u>est représentable par un morphisme affine de présentation finie</u> ; <u>de plus le noyau de cet homomorphisme est un groupe unipotent.</u>

Démonstration. Soient N le nilradical de $\underline{O}_X$ et I l'idéal nilpotent de $\underline{O}_X$ qui définit Y . Posons $I_j = N^j I$, de telle sorte qu'on a $NI_j \subset I_{j+1}$ et qu'il existe un entier n tel que $I_n = 0$. Soit X_j le sous-schéma fermé de X défini par I_j ; on a donc $X_0 = Y \hookrightarrow X_1 \hookrightarrow \ldots \hookrightarrow X_n = X$. D'après 4.5, chacun des homomorphismes $\underline{\mathrm{Pic}}^{\#}_{\tilde{X}_j/k} \to \underline{\mathrm{Pic}}^{\#}_{\tilde{X}_{j-1}/k}$ est représentable par un morphisme affine de présentation finie dont le noyau est un groupe unipotent, d'où le corollaire.

COROLLAIRE 4.7.- *Soient* k *un corps parfait et* R *une* k-*algèbre locale noethérienne à corps résiduel* k . *Soit* X *un* R-*schéma propre tel que* X_{red} *vérifie la condition* (N). *Alors* $\underline{\mathrm{Pic}}^{\#}_{\tilde{X}/k}$ *est représentable par un* k-*schéma en groupes localement de type fini*.

Démonstration. Cela résulte immédiatement de 4.6 et de la représentabilité de $\underline{\mathrm{Pic}}^{\#}_{\tilde{X}_{red}/k}$ (2.4).

5. Recollement de composantes de torsion.

LEMME 5.1.- *Soient* X *un schéma,* I_1 *et* I_2 *des idéaux de* $\underline{O}_X$ *tels que* $I_1 \cap I_2 = 0$. *Soient* X_1 , X_2 , X_{12} *les sous-schémas fermés de* X *définis par* I_1 , I_2 *et* I_1+I_2 *respectivement, et* i_1 , i_2 , i_{12} *les immersions fermées correspondantes. Alors la suite d'homomorphismes canoniques de faisceaux de groupes*

$$1 \to \underline{O}_X^* \to i_{1*}\underline{O}_{X_1}^* \times i_{2*}\underline{O}_{X_2}^* \to i_{12*}\underline{O}_{X_{12}}^* \to 1$$
$$(a_1,a_2) \mapsto a_1/a_2$$

est exacte (pour la topologie de Zariski).

Démonstration. L'exactitude de la suite se vérifie sur les fibres aux points x de X . Si $x \notin X_{12}$, la suite se réduit à un isomorphisme évident. Si $x \in X_{12}$, on a une suite exacte de groupes additifs :

$$0 \to \underline{O}_{X,x} \to \underline{O}_{X_1,x} \times \underline{O}_{X_2,x} \to \underline{O}_{X_{12},x} \to 0 .$$
$$(a_1,a_2) \mapsto a_1-a_2$$

On en déduit qu'on a aussi une suite exacte de groupes multiplicatifs :

$$1 \to \underline{O}_{X,x}^* \to \underline{O}_{X_1,x}^* \times \underline{O}_{X_2,x}^* \to \underline{O}_{X_{12},x}^* \to 1 ,$$

en remarquant que, si $\varphi : A \to B$ est un homomorphisme local surjectif d'anneaux locaux, on a $\varphi^{-1}(B^*) = A^*$.

COROLLAIRE 5.2.- *Sous les hypothèses du lemme précédent, on a des suites exactes canoniques de groupes de cohomologie (pour la topologie de Zariski ou pour la topologie étale) :*

$$0 \to H^0(X,\underline{O}_X^*) \to H^0(X_1,\underline{O}_{X_1}^*) \times H^0(X_2,\underline{O}_{X_2}^*) \to H^0(X_{12},\underline{O}_{X_{12}}^*)$$
$$\to H^1(X,\underline{O}_X^*) \to H^1(X_1,\underline{O}_{X_1}^*) \times H^1(X_2,\underline{O}_{X_2}^*) \to H^1(X_{12},\underline{O}_{X_{12}}^*)$$
$$\to \text{etc.}$$

Démonstration. Une immersion fermée est acyclique, la suite exacte ci-dessus s'obtient donc en prenant la cohomologie sur X de la suite exacte 5.1.

PROPOSITION 5.3.- *Soient* R *un anneau local noethérien,* X *un* R*-schéma propre,* I *un idéal de* R *et* T *l'idéal des sections de* $\underline{O}_X$ *à support dans* $V(I\underline{O}_X)$ *. Soient* X' *le sous-schéma fermé de* X *défini par* T *et, pour tout entier* $n \geqslant 0$ *,* $X_n = X \otimes_R R/I^{n+1}$ *et* $X'_n = X' \otimes_R R/I^{n+1}$ *. Alors il existe un entier* N *tel que, pour tout* $n \geqslant N$ *et pour tout anneau local noethérien* R_1 *plat sur* R *, la suite d'homomorphismes canoniques*

$$0 \to \mathrm{Pic}(X \otimes_R R_1) \to \mathrm{Pic}(X' \otimes_R R_1) \times \mathrm{Pic}(X_n \otimes_R R_1) \to \mathrm{Pic}(X'_n \otimes_R R_1)$$

est exacte.

Démonstration. D'après le lemme d'Artin-Rees, il existe un entier m tel que $I^{m+1}\underline{O}_X \cap T = 0$. Par ailleurs le système projectif $\{H^0(X',\underline{O}_{X'_n})\}_{n\geqslant 0}$ vérifie la condition de Mittag-Leffler (EGA III, 4.1.7), il existe donc un entier $N \geqslant m$ tel que, pour $n \geqslant N$, on ait

$$\mathrm{Im}\{H^0(X,\underline{O}_{X'_n}) \to H^0(X,\underline{O}_{X'_m})\} = \mathrm{Im}\{H^0(X,\underline{O}_{X'_N}) \to H^0(X,\underline{O}_{X'_m})\} .$$

Les propriétés des entiers m et N restent vérifiées après le changement de base plat $R \to R_1$, il suffit donc de démontrer la proposition lorsque $R = R_1$. Si $I = R$, la suite exacte cherchée se réduit à un isomorphisme évident $\mathrm{Pic}(X) = \mathrm{Pic}(X')$, on supposera donc $I \neq R$.

D'après 5.2, la suite

$$\mathrm{Pic}(X) \overset{\varphi_n}{\to} \mathrm{Pic}(X') \times \mathrm{Pic}(X_n) \to \mathrm{Pic}(X'_n)$$

est exacte pour $n \geqslant m$. Il s'agit de montrer que φ_n est injectif pour $n \geqslant N$. Si $\bar{R}$ est le complété de R pour la topologie I-adique, l'application canonique $\mathrm{Pic}(X) \to \mathrm{Pic}(X \otimes_R \bar{R})$ est injective ; on peut donc supposer $R = \bar{R}$. Alors on a (EGA III, 4.1.7) :

$$H^0(X,\underline{O}_{X'}) = \varprojlim H^0(X,\underline{O}_{X'_n}) ;$$

donc, pour $n \geqslant N$, on a :

$$\mathrm{Im}\{H^0(X,\underline{O}^*_{X'}) \to H^0(X,\underline{O}^*_{X'_m})\} = \mathrm{Im}\{H^0(X,\underline{O}^*_{X'_n}) \to H^0(X,\underline{O}^*_{X'_m})\} ,$$

en effet une section globale de X' inversible aux points de X'_n est inversible partout.

D'après (5.2), on a pour $n \geqslant m$ un diagramme commutatif à lignes exactes :

$$\begin{array}{ccccc} & & H^{o}(X,\underline{O}^{*}_{X'_n}) & \xrightarrow{\psi_n} \mathrm{Pic}(X) & \xrightarrow{\varphi_n} \mathrm{Pic}(X')\times\mathrm{Pic}(X_n) \\ & & \downarrow & \| & \\ H^{o}(X,\underline{O}^{*}_{X'})\times H^{o}(X,\underline{O}^{*}_{X_m}) & \to & H^{o}(X,\underline{O}^{*}_{X'_m}) & \xrightarrow{\psi_m} \mathrm{Pic}(X) . & \end{array}$$

Si $\xi \in \mathrm{Pic}(X)$ est tel que $\varphi_n(\xi) = 0$, il existe d'après la première ligne $\eta_n \in H^{o}(X,\underline{O}^{*}_{X'_n})$ tel que $\xi = \psi_n(\eta_n)$. Si $n \geqslant N$, l'image η_m de η_n dans $H^{o}(X,\underline{O}^{*}_{X'_m})$ est l'image d'un élément η de $H^{o}(X,\underline{O}^{*}_{X'})$, donc $\xi = \psi_m(\eta_m) = 0$ d'après la deuxième ligne.

Soient maintenant k un corps, R une k-algèbre locale noethérienne à corps résiduel k et X un R-schéma propre. Il résulte immédiatement de la proposition précédente :

COROLLAIRE 5.4.- Soient I un idéal de R et T l'idéal des sections de $\underline{O}_X$ à support dans $V(I\underline{O}_X)$. Soient X' le sous-schéma fermé de X défini par T et, pour tout entier $n \geqslant 0$, $X_n = X \otimes_R R/I^{n+1}$ et $X'_n = X' \otimes_R R/I^{n+1}$. Alors il existe un entier N tel que, pour tout $n \geqslant N$, la suite d'homomorphismes canoniques

$$0 \to \underline{\mathrm{Pic}}^{\#}_{\tilde{X}/k} \to \underline{\mathrm{Pic}}^{\#}_{\tilde{X}'/k} \times \underline{\mathrm{Pic}}^{\#}_{\tilde{X}_n/k} \to \underline{\mathrm{Pic}}^{\#}_{\tilde{X}'_n/k}$$

est exacte.

En particulier, si $n \geqslant N$, l'homomorphisme $\mathrm{Pic}^{\#}_{\tilde{X}/k} \to \underline{\mathrm{Pic}}^{\#}_{\tilde{X}'/k} \times \underline{\mathrm{Pic}}^{\#}_{\tilde{X}_n/k}$ est représentable par une immersion fermée de présentation finie, puisque la section unité de $\underline{\mathrm{Pic}}^{\#}_{\tilde{X}'_n/k}$ est représentable par une telle immersion (2.5).

DÉFINITION 5.5.- Soit $0 = I_o \subset I_1 \subset \ldots \subset I_\ell \subset I_{\ell+1} = R$ une suite croissante d'idéaux de R . Pour tout $j \in \{0,\ldots,\ell\}$, soient $X_{(j)}$ le sous-schéma fermé réduit de X sous-jacent à $V(I_j\underline{O}_X)$, T_j l'idéal des sections de $\underline{O}_{X_{(j)}}$ à support dans $V(I_{j+1}\underline{O}_X)$ et $X'_{(j)}$ le sous-schéma fermé de $X_{(j)}$ défini par T_j . On dira que les schémas $X'_{(j)}$ sont les composants réduits de X relativement à la suite (I_j) .

Des propositions 4.6 et 5.4, il résulte :

PROPOSITION 5.6.- L'homomorphisme canonique

$$\mathrm{Pic}^{\#}_{\tilde{X}/k} \to \prod_{j=0,\ldots,\ell} \mathrm{Pic}^{\#}_{X'_{(j)}/k}$$

est représentable par un morphisme affine de présentation finie.

DÉFINITION 5.7.- On dira que X vérifie la condition (N') s'il existe une suite croissante d'idéaux de R telle que tous les composants réduits de X relativement à cette suite vérifient la condition (N) sauf peut-être le dernier qui est alors contenu dans la fibre fermée.

La proposition suivante qui généralise le théorème 2.4 en résulte compte tenu de 5.6 et de la représentabilité du foncteur de Picard d'un schéma propre sur k .

PROPOSITION 5.8.- Si k est parfait et si X vérifie la condition (N'), le foncteur $\mathrm{Pic}^{\#}_{\tilde{X}/k}$ est représentable par un k-schéma en groupes localement de type fini.

6. Stationnarité du groupe de Picard d'un éclatement.

Soient R un anneau noethérien, I un idéal de R et $X = \mathrm{Proj}(\bigoplus_{n\geq 0} I^n)$ le R-schéma obtenu en faisant éclater I. On a alors, pour tout $n > 0$, un isomorphisme canonique $\underline{O}_X(n) \simeq I^n\underline{O}_X$ (EGA II, 8.1.7) ; donc (EGA III, 2.2.2), il existe un entier N tel que $H^q(X, I^n\underline{O}_X) = 0$ pour $n > N$ et $q > 0$.

PROPOSITION 6.1.- Pour tout entier $n \geq 0$, soit $X_n = X \otimes_R R/I^{n+1}$. Alors, pour $n \geq N$, l'homomorphisme canonique $\mathrm{Pic}(X_{n+1}) \to \mathrm{Pic}(X_n)$ est bijectif.

Démonstration. Pour tout $n > 0$, $I^n\underline{O}_X/I^{n+1}\underline{O}_X$ est un idéal de carré nul de $\underline{O}_{X_n} = \underline{O}_X/I^{n+1}\underline{O}_X$. On a donc une suite exacte :

$$1 \to 1 + I^n\underline{O}_X/I^{n+1}\underline{O}_X \to \underline{O}_{X_n}^* \to \underline{O}_{X_{n-1}}^* \to 1 .$$

On en déduit la suite exacte de cohomologie :

$$H^1(X, I^n\underline{O}_X/I^{n+1}\underline{O}_X) \to \mathrm{Pic}(X_n) \to \mathrm{Pic}(X_{n-1}) \to H^2(X, I^n\underline{O}_X/I^{n+1}\underline{O}_X) .$$

Mais l'hypothèse faite sur N et la suite exacte

$$H^q(X, I^n\underline{O}_X) \to H^q(X, I^n\underline{O}_X/I^{n+1}\underline{O}_X) \to H^{q+1}(X, I^{n+1}\underline{O}_X)$$

montrent qu'on a $H^q(X, I^n\underline{O}_X/I^{n+1}\underline{O}_X) = 0$ pour $n > N$ et $q > 0$, d'où la proposition.

PROPOSITION 6.2.- Supposons que le couple (R,I) est hensélien. Alors, pour $n \geq N$, l'homomorphisme canonique $\mathrm{Pic}(X) \to \mathrm{Pic}(X_n)$ est bijectif.

Démonstration. Soient $\bar{R}$ le complété de R pour la topologie I-adique et $\bar{X} = X \otimes_R \bar{R}$. Il résulte du théorème d'existence de Grothendieck (EGA III, 5.1.6) que l'homomorphisme canonique $\mathrm{Pic}(\bar{X}) \to \varprojlim \mathrm{Pic}(X_n)$ est bijectif ; il en est donc de même de l'homomorphisme $\mathrm{Pic}(\bar{X}) \to \mathrm{Pic}(X_n)$ pour $n \geq N$, d'après 6.1.

Soient U l'ouvert complémentaire de $V(I)$ dans $\mathrm{Spec}(R)$ et $\bar{U} = U \otimes_R \bar{R}$. Alors le diagramme

$$\begin{array}{ccc} \mathrm{Pic}(X) & \to & \mathrm{Pic}(U) \\ \downarrow & & \downarrow \\ \mathrm{Pic}(\bar{X}) & \to & \mathrm{Pic}(\bar{U}) \end{array}$$

est cartésien (M. Artin [6], th. 2.6) ; de plus l'homomorphisme canonique $\mathrm{Pic}(U) \to \mathrm{Pic}(\overline{U})$ est bijectif (R. Elkik [21], th. 3) ; il en est donc de même de l'homomorphisme $\mathrm{Pic}(X) \to \mathrm{Pic}(\overline{X})$, d'où la proposition.

Soient maintenant k un corps et R une k-algèbre locale noethérienne à corps résiduel k. Soient I un idéal de R et $X = \mathrm{Proj}(\bigoplus_{n \geq 0} I^n)$. Soit N un entier tel que $H^q(X, I^n \underline{O}_X) = 0$ pour $n > N$ et $q > 0$.

PROPOSITION 6.3.- <u>Pour toute k-algèbre</u> A , <u>l'homomorphisme canonique</u> $\mathrm{Pic}(\tilde{X}_A) \to \mathrm{Pic}(\tilde{X}_{NA})$ <u>est bijectif</u>.

<u>Démonstration</u>. Par passage à la limite, il suffit de démontrer l'assertion pour A de type fini sur k. Alors $R \tilde{\otimes}_k A$ est un anneau noethérien et, si l'on note $\tilde{I}_A = I.R \tilde{\otimes}_k A$, le couple $(R \tilde{\otimes}_k A, \tilde{I}_A)$ est hensélien. De plus, comme $R \tilde{\otimes}_k A$ est plat sur R , $\tilde{X}_A$ est l'éclatement de $\tilde{I}_A$ dans $\mathrm{Spec}(R \tilde{\otimes}_k A)$ et on a $H^q(\tilde{X}_A, \tilde{I}^n_A \underline{O}_{\tilde{X}_A}) = H^q(X, I^n O_X) \tilde{\otimes}_k A$. L'assertion résulte donc de la proposition 6.2.

PROPOSITION 6.4.- <u>Pour toute k-algèbre</u> A , <u>l'homomorphisme canonique</u> $\mathrm{Pic}^{\#}(\tilde{X}_A) \to \mathrm{Pic}^{\#}(\tilde{X}_{NA})$ <u>est bijectif</u>.

<u>Démonstration</u>. Là encore il suffit de démontrer l'assertion pour A de type fini sur k . Pour tout idéal premier $\underline{p}$ de $R \tilde{\otimes}_k A$, notons $\overline{R}_{\underline{p}}$ le complété de $R \tilde{\otimes}_k A$ en $\underline{p}$, $\overline{X}_{\underline{p}} = X \otimes_R \overline{R}_{\underline{p}}$ et $\overline{X}_{N\underline{p}} = X_N \otimes_R \overline{R}_{\underline{p}}$. D'après 6.2 et la platitude de $\overline{R}_{\underline{p}}$ sur R , l'homomorphisme canonique $\mathrm{Pic}(\overline{X}_{\underline{p}}) \to \mathrm{Pic}(\overline{X}_{N\underline{p}})$ est bijectif. Or on a :

$$\mathrm{Pic}^{\#}(\tilde{X}_A) = \mathrm{Ker}\{\mathrm{Pic}(\tilde{X}_A) \to \prod_{\underline{p}} \mathrm{Pic}(\overline{X}_{\underline{p}})\} ,$$

$$\mathrm{Pic}^{\#}(\tilde{X}_{NA}) = \mathrm{Ker}\{\mathrm{Pic}(\tilde{X}_{NA}) \to \prod_{\underline{p}} \mathrm{Pic}(\overline{X}_{N\underline{p}})\} ,$$

le produit étant pris sur les $\underline{p}$ tels que $\underline{p} \supset \tilde{I}_A$ et $\underline{p} \not\supset \underline{m}R \tilde{\otimes}_k A$; d'où la proposition.

COROLLAIRE 6.5.- <u>L'homomorphisme canonique</u> $\underline{\mathrm{Pic}}^{\#}_{\tilde{X}/k} \to \underline{\mathrm{Pic}}^{\#}_{\tilde{X}_N/k}$ <u>est bijectif</u>.

En combinant ce résultat avec la proposition 4.6, on obtient :

PROPOSITION 6.6.- *Soient* k *un corps et* R *une k-algèbre locale noethérienne à corps résiduel* k . *Soient* I *un idéal de* R , $X = \mathrm{Proj}(\bigoplus_{n \geq 0} I^n)$ *le R-schéma obtenu en faisant éclater* I *et* E *le sous-schéma fermé réduit de* X *sous-jacent au diviseur exceptionnel* $V(I\underline{O}_X)$. *Alors l'homomorphisme canonique* $\underline{\mathrm{Pic}}^{\#}_{\tilde{X}/k} \to \underline{\mathrm{Pic}}^{\#}_{\tilde{E}/k}$ *est représentable par un morphisme affine de présentation finie ; de plus le noyau de cet homomorphisme est un groupe unipotent.*

7. Effet d'un morphisme birationnel $f : X \to Y$ tel que $f_*\underline{O}_X = \underline{O}_Y$.

PROPOSITION 7.1.- *Soit $f : X \to Y$ un morphisme birationnel de R-schémas propres tel que $f_*\underline{O}_X = \underline{O}_Y$. Supposons que $\underline{\mathrm{Pic}}^{\#}_{\tilde{X}/k}$ et $\underline{\mathrm{Pic}}^{\#}_{\tilde{Y}/k}$ sont représentables. Alors le morphisme canonique $\underline{\mathrm{Pic}}^{\#}_{\tilde{Y}/k} \to \underline{\mathrm{Pic}}^{\#}_{\tilde{X}/k}$ est représentable par une immersion fermée de présentation finie.*

[On dit qu'un morphisme $f : X \to Y$ est birationnel s'il induit un isomorphisme entre les anneaux totaux de fractions de X et Y].

Pour toute k-algèbre A , on notera par abus de langage $f : \tilde{X}_A \to \tilde{Y}_A$ le morphisme déduit de f par changement de base ; puisque $\tilde{R} \otimes_k A$ est plat sur R , on a $f_*\underline{O}_{\tilde{X}_A} = \underline{O}_{\tilde{Y}_A}$, donc l'homomorphisme canonique $\mathrm{Pic}(\tilde{Y}_A) \to \mathrm{Pic}(\tilde{X}_A)$ est injectif et un faisceau inversible L sur $\tilde{X}_A$ provient de $\tilde{Y}_A$ si et seulement si f_*L est inversible et si l'homomorphisme canonique $f^*f_*L \to L$ est un isomorphisme.

Puisque l'on suppose $\underline{\mathrm{Pic}}^{\#}_{\tilde{X}/k}$ et $\underline{\mathrm{Pic}}^{\#}_{\tilde{Y}/k}$ représentables, il s'agit seulement de montrer que l'image de $\underline{\mathrm{Pic}}^{\#}_{\tilde{Y}/k}$ dans $\underline{\mathrm{Pic}}^{\#}_{\tilde{X}/k}$ est constructible. Autrement dit la proposition 7.1 résultera de la proposition suivante :

PROPOSITION 7.2.- *Soient A une k-algèbre intègre de type fini et L un faisceau inversible sur $\tilde{X}_A$. Supposons qu'il existe un ensemble dense Σ de points fermés de Spec(A) tel que, si $s \in \Sigma$ et si L_s est le faisceau induit par L sur $\tilde{X}_{k(s)}$, le faisceau f_*L_s soit inversible et l'homomorphisme canonique $f^*f_*L_s \to L_s$ soit un isomorphisme. Alors il existe un ouvert affine dense $\mathrm{Spec}(A_0)$ de Spec(A) tel que, si L_0 est le faisceau induit par L sur $\tilde{X}_{A_0}$, le faisceau f_*L_0 soit inversible et l'homomorphisme canonique $f^*f_*L_0 \to L_0$ soit un isomorphisme.*

Pour démontrer cette proposition, nous aurons besoin d'une variante sur le thème du changement de base dans la cohomologie (EGA III.7) pour laquelle nous nous inspirerons du livre de Mumford (Abelian Varieties [39], chap. II, §5). Contrairement aux énoncés habituels, nous séparerons les propriétés de finitude de celles de platitude.

PROPOSITION 7.3.- Soient $S = \mathrm{Spec}(A)$ un schéma affine et $f : X \to Y$ un morphisme propre de S-schémas noethériens avec $Y = \mathrm{Spec}(B)$ affine et plat sur S et soit F un faisceau cohérent sur X, plat sur S. Alors il existe un complexe fini $K^\bullet : 0 \to K^0 \to K^1 \to \ldots \to K^n \to 0$ de B-modules de type fini, plats sur A, et un isomorphisme de foncteurs sur la catégorie des A-algèbres A' :

$$H^p(X \otimes_A A' , F \otimes_A A') \simeq H^p(K^\bullet \otimes_A A') \quad , \quad p \geq 0 .$$

Démonstration. Elle est identique à la démonstration habituelle ([39], p. 46 à 49) à ceci près qu'on a des propriétés de platitude sur S et non sur Y.

Remarque 7.4.- Pour toute B-algèbre plate B', on a :

$$H^p(X \otimes_A A' \otimes_B B' , F \otimes_A A' \otimes_B B') \simeq H^p(K^\bullet \otimes_A A' \otimes_B B') .$$

En effet la cohomologie commute au changement de base plat.

PROPOSITION 7.5.- Soient S un schéma intègre noethérien, Y un S-schéma noethérien, M un faisceau cohérent sur Y et Z un sous-schéma fermé de Y de type fini sur S. Alors il existe un ouvert non vide S_0 de S tel que M soit plat sur S aux points de $Z \times_S S_0$.

Démonstration. Soit I l'idéal de $\underline{O}_Y$ définissant Z ; le schéma $Y' = \mathrm{Spec}\, \mathrm{gr}_I^\bullet(\underline{O}_Y)$ est de type fini sur Z donc sur S et le $\underline{O}_{Y'}$-module $M' = \mathrm{gr}_I^\bullet(M)$ est cohérent. Comme S est intègre, il existe un ouvert non vide S_0 de S au-dessus duquel M' est plat sur S (EGA IV, 6.9.1). Alors M est plat sur S aux points de $Z \times_S S_0$ (II 8.2).

PROPOSITION 7.6.- Soient $S = \mathrm{Spec}(A)$ un schéma affine intègre et $f : X \to Y$ un morphisme propre de S-schémas noethériens tel que Y soit plat sur S. Soient Z un sous-schéma fermé de Y de type fini sur S et F un faisceau cohérent sur X

plat sur S . Alors il existe un ouvert non vide S_0 de S tel que, pour tout point y de $Z \times_S S_0$ et pour toute A-algèbre A' , on ait :

$$H^p(X_y,F_y) \otimes_A A' \simeq H^p(X_y \otimes_A A' , F_y \otimes_A A') \quad , \quad p \geqslant 0 ,$$

où $X_y = X \times_Y \mathrm{Spec}(\underline{O}_{Y,y})$ et F_y est l'image réciproque de F sur X_y .

Démonstration. On peut supposer $Y = \mathrm{Spec}(B)$ affine. Soit $K^\bullet$ le complexe donné par la proposition 7.3. D'après 7.5, il existe un ouvert non vide S_0 de S tel que pour tout point y de $Z \times_S S_0$, les conoyaux et les images des flèches du complexe $K^\bullet_y = K^\bullet \otimes_B \underline{O}_{Y,y}$ soient plats sur A . Puisque les conoyaux sont plats, la formation des images commute au changement de base sur A et, puisque les images sont plates, la formation des noyaux commute au changement de base sur A . Par suite la formation de l'homologie du complexe $K^\bullet_y$ commute au changement de base sur A , autrement dit, pour toute A-algèbre A' , on a :

$$H^p(K^\bullet_y \otimes_A A') \simeq H^p(K^\bullet_y) \otimes_A A' \quad , \quad p \geqslant 0 .$$

Or, d'après la remarque 7.4, on a aussi :

$$H^p(K^\bullet_y \otimes_A A') \simeq H^p(X_y \otimes_A A' , F_y \otimes_A A') \quad , \quad p \geqslant 0 ,$$

d'où la proposition.

Démonstration de la proposition 7.2 : On se trouve dans la situation de la proposition précédente : en effet L et $\tilde{Y}_A$ sont plats sur $\mathrm{Spec}(A)$ et l'image réciproque $\bar{Y}_A$ de la fibre fermée $\bar{Y}$ de $Y \to \mathrm{Spec}(R)$ est de type fini sur $\mathrm{Spec}(A)$. De plus, si s est un point fermé de $\mathrm{Spec}(A)$, tout point de $\tilde{Y}_{k(s)}$ est générisation d'un point appartenant à $\bar{Y}_s$. Il existe donc un ouvert non vide S_0 de $\mathrm{Spec}(A)$ tel que, pour tout point fermé s de S_0 , on ait $(f_*L) \otimes_A k(s) = f_*(L \otimes_A k(s))$. Pour $s \in \Sigma \cap S_0$, $(f_*L) \otimes_A k(s)$ est donc un faisceau inversible sur $\tilde{Y}_{k(s)}$; de plus comme f est birationnel, f_*L est inversible en les points associés de $\tilde{Y}_A$; par suite, si A_s est le localisé de A en s ; l'image réciproque de f_*L sur $\tilde{Y}_{A_s}$ est inversible ([41], II.2.10). Par passage à la limite inductive sur les voisinages de s , il existe un ouvert affine dense

$\mathrm{Spec}(A_0)$ de S_0 tel que, si L_0 est le faisceau induit par L sur $\tilde{X}_{A_0}$, le faisceau f_*L_0 soit inversible. De plus, pour $s \in \Sigma \cap S_0$, l'homomorphisme canonique $(f^*f_*L) \otimes_A k(s) \to L \otimes_A k(s)$ est un isomorphisme ; comme la section unité de $\underline{\mathrm{Pic}}_{\tilde{X}/k}$ est représentable par une immersion fermée (1.2), l'homomorphisme canonique $f^*f_*L_0 \to L_0$ est lui aussi un isomorphisme.

CHAPITRE V

RETOUR AU SCHÉMA DE PICARD LOCAL

Supposons que k est parfait, R excellent normal de dimension $\geqslant 2$ et que X est un R-schéma propre qui vérifie la condition (N) et tel que $\Gamma(X, \underline{O}_X) = R$. Soit $\bar{k}$ une clôture algébrique de k.

Sous les hypothèses précédentes, on montre au paragraphe 1 que le noyau de l'homomorphisme canonique $\underline{\mathrm{Pic}}^{\#}_{\tilde{X}/k} \to \underline{\mathrm{Picloc}}_{R/k}$ est un groupe étale [noté $\underline{D}_{\tilde{X}/k}$] tel que $\underline{D}_{\tilde{X}/k}(\bar{k})$ soit un groupe abélien libre de type fini. De plus, si X est régulier, l'homomorphisme $\underline{\mathrm{Pic}}^{\#}_{\tilde{X}/k} \to \underline{\mathrm{Picloc}}_{R/k}$ restreint à la catégorie des k-schémas normaux est surjectif. Pour $\dim(R) \geqslant 3$, on obtient ainsi une description de $(\underline{\mathrm{Picloc}}_{R/k})_{\mathrm{red}}$ en termes d'une résolution des singularités de R. Pour $\dim(R) = 2$, on voit que le foncteur $\underline{\mathrm{Picloc}}_{R/k}$ restreint aux k-algèbres normales est représentable, ce qui précise certains résultats de D. Mumford [37].

Au paragraphe 2 on démontre en adaptant des techniques d'éclatement introduites par Raynaud et Gruson dans [44] qu'il existe un éclatement $f : X_1 \to X$, à centre dans la fibre fermée de X, tel que l'homomorphisme $(\underline{\mathrm{Pic}}^{\#}_{\tilde{X}_1/k})^{o}_{\mathrm{red}} \to (\underline{\mathrm{Picloc}}_{R/k})^{o}_{\mathrm{red}}$ est un isomorphisme.

On note $\underline{\mathrm{NSloc}}_{R/k}$ le quotient de $\underline{\mathrm{Picloc}}_{R/k}$ par sa composante neutre. Les résultats précédents, joints à ceux du chapitre IV et à un dévissage du diviseur exceptionnel d'une résolution des singularités de R effectué au paragraphe 3, permettent de démontrer au paragraphe 4, par récurrence sur la dimension de R , le résultat principal de ce chapitre : lorsque k est parfait et R excellent normal fortement désingularisable de dimension $\geqslant 2$, le groupe $NSloc_{R/k}(\bar{k})$ est de type fini. On trouvera la définition précise de "fortement désingularisable" en 3.3 ; contentons-nous d'indiquer ici que, d'après Hironaka [30] , R est fortement désingularisable lorsque $car(k) = 0$.

1. Etude de l'homomorphisme $\underline{\mathrm{Pic}}^{\#}_{\tilde{X}/k} \to \underline{\mathrm{Picloc}}_{R/k}$.

Dans ce paragraphe, on considère un corps parfait k, une k-algèbre locale noethérienne excellente normale R à corps résiduel k telle que $\dim(R) \geq 2$ et un R-schéma propre X vérifiant la condition (N) (IV 2.3) tel que $\Gamma(X,\underline{O}_X) = R$.

On note $\underline{m}$ l'idéal maximal de R, Y la fibre fermée de $X \to \mathrm{Spec}(R)$, U l'ouvert complémentaire du point fermé dans $\mathrm{Spec}(R)$ et $V = X-Y$. On note $\bar{k}$ une clôture algébrique de k.

DÉFINITION 1.1.- On appelle groupe des diviseurs verticaux, et on note $\underline{D}_{\tilde{X}/k}$, le noyau de l'homomorphisme canonique $\underline{\mathrm{Pic}}^{\#}_{\tilde{X}/k} \to \underline{\mathrm{Picloc}}_{R/k}$ (défini en IV 2.2).

En d'autres termes $\underline{D}_{\tilde{X}/k}$ est le faisceau pour la topologie étale sur les k-algèbres associé au préfaisceau

$$\begin{aligned} A \mapsto D(\tilde{X}_A) &= \mathrm{Ker}\{\mathrm{Pic}^{\#}(\tilde{X}_A) \to \mathrm{Pic}(\tilde{U}_A)\} \\ &= \mathrm{Ker}\{\mathrm{Pic}(\tilde{X}_A) \to \mathrm{Pic}(\tilde{V}_A)\}. \end{aligned}$$

PROPOSITION 1.2.- Le foncteur $\underline{D}_{\tilde{X}/k}$ est représentable par un k-schéma en groupes localement de type fini et l'homomorphisme canonique $\underline{D}_{\tilde{X}/k} \to \underline{\mathrm{Pic}}^{\#}_{\tilde{X}/k}$ est représentable par une immersion fermée.

Démonstration. En effet $\underline{\mathrm{Pic}}^{\#}_{\tilde{X}/k}$ est représentable par un k-schéma en groupes localement de type fini (IV 2.4) et la section unité de $\underline{\mathrm{Picloc}}_{R/k}$ est représentable par une immersion fermée de présentation finie (II 6.6).

PROPOSITION 1.3.- Le groupe $\underline{D}_{\tilde{X}/k}(\bar{k})$ est un groupe abélien libre de type fini.

Démonstration. Quitte à remplacer R par $R \tilde{\otimes}_k \bar{k}$, on peut supposer que R est hensélien et k algébriquement clos. Soit alors D le groupe des diviseurs de Cartier sur X dont le support est contenu dans la fibre fermée Y et soit D_o le sous-groupe de D formé des diviseurs principaux. On a

$\underline{D}_{\tilde{X}/k}(\bar{k}) = \mathrm{Ker}\{\mathrm{Pic}(X) \to \mathrm{Pic}(V)\} = D/D_o$, en effet un faisceau inversible sur X qui est trivial sur V possède évidemment une section méromorphe régulière.

Montrons tout d'abord que $D_o = 0$. Soit g une fonction méromorphe régulière sur X telle que $cyc(g) \in D$, autrement dit telle que $g \in \Gamma(V,\underline{O}_V)^*$. On a $\Gamma(V,\underline{O}_V) = R$, car $\Gamma(X,\underline{O}_X) = R$ et $prof(R) \geqslant 2$; donc $g \in \Gamma(X,\underline{O}_X)^*$ et $cyc(g) = 0$.

Soient $F_1,\ldots,F_r$ les composantes irréductibles de Y qui sont de codimension 1 dans X et soit $C \simeq \mathbb{Z}^r$ le groupe libre de cycles 1-codimensionnels de X ayant pour base $F_1,\ldots,F_r$. D'après la condition (N), X est normal en les points génériques de $F_1,\ldots,F_r$ et ces points sont les seuls points de profondeur 1 du support des diviseurs de D, par suite l'application canonique $D \to C$ est injective, d'où la proposition.

LEMME 1.4.- <u>Soient</u> k <u>un corps et</u> k^s <u>une clôture séparable de</u> k. <u>Soit</u> G <u>un</u> k-<u>schéma en groupes commutatifs lisse sur</u> k. <u>Alors, si</u> $G(k^s)$ <u>est de type fini en tant que groupe abstrait,</u> G <u>est étale sur</u> k.

<u>Démonstration</u>. Il suffit de montrer que la composante neutre G^o de G est triviale ; quitte à remplacer G par G^o, on peut donc supposer G connexe. Soient ℓ un nombre premier différent de la caractéristique de k et ℓ_G la multiplication par ℓ dans G. Alors ℓ_G est étale à l'origine (SGA 3, VII_A, 8.4) donc partout ; par suite $G_\ell = Ker\ \ell_G$ est étale sur k. De plus $G_\ell(k^s)$ est le noyau de la multiplication par ℓ dans $G(k^s)$, donc est fini, puisque $G(k^s)$ est de type fini. Ainsi G_ℓ est fini sur k, par suite ℓ_G est fini (SGA 3, VI_B, 1.4.1). L'image de ℓ_G est à la fois ouverte et fermée, et G est connexe, donc ℓ_G est surjectif. Puisque ℓ_G est étale, il en résulte que la multiplication par ℓ dans $G(k^s)$ est surjective. Ainsi $G(k^s)$ est de type fini et ℓ-divisible, donc fini et même nul puisque G est connexe. Mais par hypothèse le groupe G est lisse, il est donc trivial.

PROPOSITION 1.5.- <u>Le schéma en groupes</u> $\underline{D}_{\tilde{X}/k}$ <u>est étale sur</u> k.

<u>Démonstration</u>. Si $car(k) = 0$, on sait que $\underline{D}_{\tilde{X}/k}$ est lisse sur k d'après un théorème de Cartier ([16], II.10) ; l'assertion résulte donc de 1.3 et 1.4.

Pour traiter le cas où $car(k) \neq 0$, nous raisonnerons sur les espaces tangents. Par définition l'espace tangent à $\underline{D}_{\tilde{X}/k}$ est

$$\mathrm{Ker}\{H^0_{\underline{m}}(H^1(X,\underline{O}_X) \to H^1(U,\underline{O}_U)\} = \mathrm{Ker}\{H^1(X,\underline{O}_X) \to H^1(V,\underline{O}_V)\} = H^1_Y(\underline{O}_X) .$$

La proposition 1.5 est donc équivalente à la

PROPOSITION 1.6.- <u>On a</u> $H^1_Y(\underline{O}_X) = 0$.

<u>Démonstration</u>. D'après ce qui précède, on peut supposer $car(k) = p \neq 0$. L'argument qui suit est dû à D. Mumford et nous a été signalé par J. Lipman.

Soit $i : V = X-Y \hookrightarrow X$ l'inclusion canonique. La suite exacte de cohomologie déduite de la suite exacte

$$0 \to \underline{O}_X \to i_*\underline{O}_V \to i_*\underline{O}_V/\underline{O}_X \to 0$$

montre qu'on a $H^1_Y(\underline{O}_X) = H^0(X,i_*\underline{O}_V/\underline{O}_X)$.

Si $s \in H^0(X,i_*\underline{O}_V/\underline{O}_X)$, cela a un sens de parler du cycle des pôles de s : pour tout $x \in Y$ tel que $\dim(\underline{O}_{X,x}) = 1$, s définit un élément $s_x \in \underline{K}_{X,x}/\underline{O}_{X,x}$ donc un entier $o^-_x(s) = \sup\{0,-\mathrm{ord}(\bar{s}_x)\}$, où $\bar{s}_x$ est un relèvement quelconque de s_x dans le corps des fractions $\underline{K}_{X,x}$ de $\underline{O}_{X,x}$; le cycle des pôles de s est alors le cycle 1-codimensionnel sur X à support dans Y :

$$Z^-(s) = \sum_{x \in X^{(1)} \cap Y} o^-_x(s).\{\bar{x}\} .$$

Il est clair que s est nul si et seulement si $Z^-(s) = 0$. De plus si l'on munit $\prod_{x \in X^{(1)} \cap Y} \mathbf{N}.\{\bar{x}\}$ de l'ordre produit, on a

$$Z^-(s+s') \leqslant \sup [Z^-(s) , Z^-(s')] ,$$

$$Z^-(\lambda s) \leqslant Z^-(s) , \quad \text{pour } \lambda \in R .$$

Comme $H^0(X,i_*\underline{O}_V/\underline{O}_X)$, inclus dans $H^1(X,\underline{O}_X)$, est un $\underline{R}$-module de type fini, les inégalités ci-dessus montrent que l'ensemble des valeurs prises par $Z^-(s)$ pour $s \in H^0(X,i_*\underline{O}_V/\underline{O}_X)$ est fini.

D'autre part l'élévation à la puissance p est un endomorphisme additif de $i_*\underline{O}_V$ qui laisse stable $\underline{O}_X$, donc induit un endomorphisme additif de $i_*\underline{O}_V/\underline{O}_X$.

Si $s \in H^{0}(X, i_{*}\underline{O}_V/\underline{O}_X)$, on a $Z^{-}(s^p) = p\,Z^{-}(s)$, en particulier $Z^{-}(s^p) > Z^{-}(s)$ à moins que $Z^{-}(s) = 0$; d'où la proposition.

COROLLAIRE 1.7.- <u>On a</u> $\underline{D}_{\tilde{X}/k} \cap (\underline{\mathrm{Pic}}^{\#}_{\tilde{X}/k})^{\tau} = 0$.

<u>Démonstration</u>. Puisque $\underline{D}_{\tilde{X}/k}$ est un groupe étale il suffit de vérifier l'assertion sur les points à valeurs dans $\bar{k}$. Or $\underline{D}_{\tilde{X}/k} \cap (\underline{\mathrm{Pic}}^{\#}_{\tilde{X}/k})^{0}$ est un groupe fini, donc $\underline{D}_{\tilde{X}/k} \cap (\underline{\mathrm{Pic}}^{\#}_{\tilde{X}/k})^{\tau}(\bar{k})$ est un groupe de torsion ; comme c'est un sous-groupe du groupe libre de type fini $\underline{D}_{\tilde{X}/k}(\bar{k})$, il est nul.

On notera $\underline{P}_{\tilde{X}/k}$ le schéma en groupes quotient $\underline{\mathrm{Pic}}^{\#}_{\tilde{X}/k}/\underline{D}_{\tilde{X}/k}$ ainsi que le foncteur qu'il représente.

PROPOSITION 1.8.- <u>Supposons que, pour tout</u> $x \in Y$ <u>tel que</u> $\dim(\underline{O}_{X,x}) \geq 2$, <u>l'anneau local</u> $\underline{O}_{X,x}$ <u>soit géométriquement parafactoriel. Alors l'homomorphisme canonique</u> $\underline{P}_{\tilde{X}/k} \to \underline{\mathrm{Picloc}}_{R/k}$ <u>restreint à la catégorie des</u> k-<u>schémas normaux est un isomorphisme</u>.

<u>Démonstration</u>. Il suffit de montrer que, pour toute k-algèbre normale de type fini A , l'application canonique $\mathrm{Pic}^{\#}(\tilde{X}_A) \to \mathrm{Pic}(\tilde{U}_A)$ est surjective. En fait on a mieux : l'application $\mathrm{Pic}(\tilde{X}_A) \to \mathrm{Pic}(\tilde{V}_A)$ est surjective. En effet, soient $f \in A$ tel que A_f soit lisse sur k , Z le fermé de $\tilde{X}_A - \tilde{V}_A$ défini par f , $\tilde{x}$ un point de $\tilde{X}_A - \tilde{V}_A - Z$ et x son image dans X : le couple $(\tilde{X}_A, Z)$ est parafactoriel (IV 3.4) et, comme le morphisme $\tilde{X}_A \otimes_A A_f \to X$ est régulier, l'anneau local $\underline{O}_{\tilde{X}_A,\tilde{x}}$ est régulier si $\dim(\underline{O}_{X,x}) = 1$ puisqu'alors $\underline{O}_{X,x}$ est régulier, parafactoriel si $\dim(\underline{O}_{X,x}) \geq 2$ puisqu'alors $\underline{O}_{X,x}$ est géométriquement parafactoriel (III 2.2 et 2.9).

Remarquons que l'hypothèse de parafactorialité est satisfaite si X est <u>régulier</u>. Le corollaire suivant précise une construction de D. Mumford [37].

COROLLAIRE 1.8.1.- <u>Si</u> $\dim(R) = 2$, <u>le foncteur</u> $\underline{\mathrm{Picloc}}_{R/k}$ <u>restreint aux</u> k-<u>algèbres normales est représentable par un</u> k-<u>schéma en groupes lisse</u> [<u>que l'on notera</u> $(\underline{\mathrm{Picloc}}_{R/k})_{\mathrm{red}}$] .

Démonstration. Soit X une résolution des singularités de R (il en existe car on a supposé R excellent, cf. Abhyankar [3]). La proposition précédente montre que $\underline{\mathrm{Picloc}}_{R/k}$ restreint aux k-algèbres normales est représentable par $(\underline{P}_{\tilde{X}/k})_{red}$.

On notera $\underline{\mathrm{NSloc}}_{R/k}$ [resp. $\underline{\mathrm{NS}}^{\#}_{\tilde{X}/k}$] le quotient de $(\underline{\mathrm{Picloc}}_{R/k})_{red}$ [resp. $\underline{\mathrm{Pic}}^{\#}_{\tilde{X}/k}$] par sa composante neutre.

COROLLAIRE 1.8.2.- Supposons que, pour tout $x \in Y$ tel que $\dim(\underline{O}_{X,x}) \geqslant 2$, l'anneau local $\underline{O}_{X,x}$ soit géométriquement parafactoriel. Alors l'homomorphisme canonique $\underline{\mathrm{Pic}}^{\#}_{\tilde{X}/k} \to \underline{\mathrm{Picloc}}_{R/k}$ induit un isomorphisme

$$(\underline{\mathrm{Pic}}^{\#}_{\tilde{X}/k})^{\circ}_{red} \simeq (\underline{\mathrm{Picloc}}_{R/k})^{\circ}_{red}$$

et une suite exacte

$$0 \to \underline{D}_{\tilde{X}/k} \to \underline{\mathrm{NS}}^{\#}_{\tilde{X}/k} \to \underline{\mathrm{NSloc}}_{R/k} \to 0 .$$

COROLLAIRE 1.8.3.- Supposons que les hypothèses de 1.8.2 sont satisfaites et que de plus $\mathrm{car}(k) = 0$ et $\dim(R) \geqslant 3$. Alors l'homomorphisme canonique $(\underline{\mathrm{Pic}}^{\#}_{\tilde{X}/k})^{\circ} \to (\underline{\mathrm{Picloc}}_{R/k})^{\circ}$ est un isomorphisme, en particulier l'homomorphisme des espaces tangents à l'origine $H^{\circ}_{\underline{m}}(H^1(X,\underline{O}_X)) \to H^1(U,\underline{O}_U)$ est bijectif.

Remarque 1.8.4.- Si R est l'anneau local d'un $\mathbb{C}$-schéma normal de type fini en un point de hauteur $\geqslant 3$ et si X est régulier, la bijectivité de l'homomorphisme $H^{\circ}_{\underline{m}}(H^1(X,\underline{O}_X)) \to H^1(U,\underline{O}_U)$ résulterait d'un "vanishing theorem" de Grauert-Riemenschneider démontré par des méthodes transcendantes (cf. [24], [29]).

2. Prolongement de faisceaux inversibles et éclatements.

Le but de ce paragraphe est de reprendre dans un contexte différent un procédé d'éclatement utilisé par Raynaud et Gruson dans leur démonstration du théorème de platification [44]. Il s'agira pour nous, étant donné un morphisme régulier $S' \to S$ et un faisceau inversible L sur un ouvert de S' de trouver un éclatement T de S tel que L se prolonge en un faisceau inversible sur $T' = T \times_S S'$ (cf. 2.4 pour un énoncé précis). Contrairement à Raynaud et Gruson nous ne faisons pas d'hypothèse de finitude sur le morphisme $S' \to S$, à part l'existence d'une section ; ceci nous amène à introduire une notion ad hoc d'"idéal de coefficients" (2.3). Auparavant nous précisons le type d'éclatement utilisé (2.1) et rappelons quelques propriétés utiles des idéaux de Fitting (2.2).

2.1 Eclatement admissible normalisé.- Soient S un schéma noethérien réduit universellement japonais (EGA 0_{IV}, 23.1.1) et V un ouvert de S tel que S soit de profondeur $\geqslant 2$ le long de $S-V$. Soient I un idéal de $\underline{O}_S$ tel que $I_{|V} = \underline{O}_V$ et $f_o : T_o \to S$ l'éclatement de I ; f_o est un isomorphisme au-dessus de V et T_o est réduit puisque de profondeur $\geqslant 1$ le long de T_o-V . On appellera éclatement normalisé de I le spectre T au-dessus de T_o de la fermeture intégrale de $\underline{O}_{T_o}$ dans $\underline{O}_V$.

Le morphisme $T \to T_o$ est fini, car T_o est réduit et universellement japonais ; c'est un isomorphisme au-dessus de V et les localisés de T en les points de $T-V$ sont soit des anneaux de valuation discrète, soit des anneaux de profondeur $\geqslant 2$. De plus le morphisme $f : T \to S$ est birationnel et on a $f_*\underline{O}_T = \underline{O}_S$. Cette dernière assertion résulte immédiatement du fait que f est un isomorphisme au-dessus de V et que $\mathrm{prof}_{S-V}(S) \geqslant 2$ et $\mathrm{prof}_{T-V}(T) \geqslant 1$.

On dira que T est un éclatement V-admissible normalisé.

2.2 Idéaux de Fitting.- Soient B un anneau noethérien et M un B-module de type fini. Etant donné une présentation de M :

$$B^r \xrightarrow{(\beta_{ij})} B^s \longrightarrow M \longrightarrow 0 ,$$

soit $F(M)$ l'idéal de B engendré par les mineurs d'ordre $s-1$ de la matrice (β_{ij}) . On vérifie que $F(M)$ est indépendant de la présentation choisie. C'est le premier idéal de Fitting de M . Comme c'est le seul que nous considérerons, nous l'appellerons idéal de Fitting de M .

La formation de $F(M)$ commute à tout changement de base $B \to B'$. Par conséquent la définition se globalise ; étant donné un schéma localement noethérien X et un $\underline{O}_X$-Module cohérent M , on peut parler de l'idéal de Fitting $F(M)$ de M.

2.2.1 L'ouvert $X - V(F(M))$ est le plus grand ouvert de X au-dessus duquel M peut être localement engendré par un élément.

2.2.2 <u>Règle de Cramer</u> ([44], 5.4.3).- Si $F(M)$ est inversible et si M est inversible sur l'ouvert $X - V(F(M))$, alors $M/\mathrm{Ann}_M(F(M))$ est inversible.

2.3 <u>Idéaux de coefficients</u>.- On considère un morphisme de schémas noethériens $\pi : S' \to S$ muni d'une section σ définie par un idéal H de $\underline{O}_{S'}$ et on suppose que le morphisme π est régulier en les points de $\sigma(S)$.

LEMME 2.3.1.- <u>Supposons</u> $S = \mathrm{Spec}(A)$ <u>local et soit</u> $S'' = \mathrm{Spec}(B)$ <u>le complété de</u> S' <u>pour la topologie</u> H-<u>adique. Alors il existe un</u> A-<u>isomorphisme de</u> B <u>avec un anneau de séries formelles</u> $A[[T_1,\dots,T_r]]$ <u>identifiant la section</u> σ <u>avec la section</u> $T_1 = \dots = T_r = 0$.

<u>Démonstration</u>. Si k est le corps résiduel de A , l'anneau local $B \otimes_A k$ est régulier par hypothèse. Soient $\bar{t}_1,\dots,\bar{t}_r$ une suite régulière engendrant l'idéal maximal de $B \otimes_A k$ et $t_1,\dots,t_r$ des éléments de H qui relèvent $\bar{t}_1,\dots,\bar{t}_r$. On a $H = (t_1,\dots,t_r)$. En effet, si $\hat{A}$ et $\hat{B}$ sont les complétés de A et B , l'anneau $\hat{B}/(t_1,\dots,t_r)\hat{B}$ est un $\hat{A}$-module fini et plat de rang 1 (car la suite $(\bar{t}_1,\dots,\bar{t}_r)$ est régulière et $B \otimes_A k/(\bar{t}_1,\dots,\bar{t}_r) = k)$, donc $H\hat{B} = (t_1,\dots,t_r)\hat{B}$.

Ainsi H est engendré par une suite régulière, donc H/H^2 est un A-module libre de rang r engendré par les images de $t_1,\dots,t_r$ et l'homomorphisme canonique

$\mathrm{Sym}_A^\bullet(H/H^2) \to \mathrm{gr}_H^\bullet(B)$ est bijectif. Or c'est le gradué pour la topologie H-adique de l'homomorphisme $A[[T_1,\ldots,T_r]] \to B$ défini par $T_i \mapsto t_i$, qui est donc lui aussi bijectif.

2.3.2 Soient $\hat{S}'$ le complété formel de S' le long de $\sigma(S)$ et I un idéal cohérent de $\underline{O}_{\hat{S}'}$. D'après 2.3.1, pour tout entier $n > 0$, $\underline{O}_{S'}/H^n$ est fini et plat sur $\underline{O}_S$; le sous-foncteur de S qui rend l'homomorphisme $\underline{O}_{S'}/H^n \to \underline{O}_{S'}/H^n + I$ bijectif est donc représentable par un sous-schéma fermé de S ; on notera $\mathrm{Cf}_n(I)$ l'idéal de $\underline{O}_S$ correspondant. Si $n < m$, on a $\mathrm{Cf}_n(I) \subset \mathrm{Cf}_m(I)$; on appellera "idéal des coefficients" de I et on notera $\mathrm{Cf}(I)$, l'idéal $\bigcup_n \mathrm{Cf}_n(I)$ de $\underline{O}_S$.

Si T est un S-schéma essentiellement de type fini et $T' = S'\times_S T$, on a $\mathrm{Cf}(I\underline{O}_{\hat{T}'}) = \mathrm{Cf}(I)\underline{O}_T$.

LEMME 2.3.3.- <u>Supposons</u> S <u>local et</u> $\mathrm{Cf}(I) = \underline{O}_S$. <u>Alors l'ouvert complémentaire de</u> $V(I)$ <u>dans</u> S'' <u>(le complété de</u> S' <u>pour la topologie</u> H-<u>adique)</u> <u>contient le point générique de la fibre spéciale de</u> $S'' \to S$.

<u>Démonstration.</u> Puisque la formation de l'idéal des coefficients commute au changement de base, il suffit de démontrer le lemme lorsque S est le spectre d'un corps k. Alors $S'' \simeq \mathrm{Spec}\, k[[T_1,\ldots,T_r]]$ est intègre et $V(I) \neq S''$ puisqu'il existe un entier $n > 0$ tel que $\underline{O}_{S'}/H^n \to \underline{O}_{S'}/H^n + I$ ne soit pas bijectif.

LEMME 2.3.4.- <u>Supposons</u> $S = \mathrm{Spec}(A)$ <u>local et</u> $\mathrm{Cf}(I)$ <u>engendré par un élément</u> t <u>non diviseur de zéro dans</u> A. <u>Alors l'idéal fractionnaire</u> $t^{-1}I$ <u>est un idéal entier de</u> $\underline{O}_{S''}$ <u>et son idéal de coefficients est</u> $\underline{O}_S$.

<u>Démonstration.</u> D'après 2.3.1, on a $S'' = \mathrm{Spec}\, A[[T_1,\ldots,T_r]]$. Si $(f_i = \Sigma\, a_{i\underline{\alpha}}\, T_1^{\alpha_1}\ldots T_r^{\alpha_r})$ est un système de générateurs de I, l'idéal $\mathrm{Cf}(I)$ est l'idéal de A engendré par les $a_{i\underline{\alpha}}$. Par hypothèse il existe des $a'_{i\underline{\alpha}} \in A$ tels que $a_{i\underline{\alpha}} = t\, a'_{i\underline{\alpha}}$ et l'idéal engendré par les $a'_{i\underline{\alpha}}$ est A. Alors l'idéal $t^{-1}I$ est engendré par les $t^{-1}f_i = \Sigma\, a'_{i\underline{\alpha}}\, T_1^{\alpha_1}\ldots T_r^{\alpha_r}$, il est entier et son idéal de coefficients est A.

PROPOSITION 2.4.- Supposons que S est excellent et réduit et que S' est le seul voisinage de $\sigma(S)$ dans S'. Soit V un ouvert de S tel que les localisés de S aux points de $S-V$ soient des anneaux de valuation discrète ou de profondeur $\geqslant 2$. Soient V' l'image réciproque de V dans S' et L' un faisceau inversible sur V'. Soit enfin $W = V \cup \mathrm{Reg}(S)$. Alors il existe un éclatement W-admissible normalisé T de S tel que L' se prolonge en un faisceau inversible sur $T' = T \times_S S'$.

Démonstration. Remarquons dès à présent que le morphisme $\pi : S' \to S$ est régulier à fibres géométriquement intègres, cela résulte immédiatement du fait que S' est le seul voisinage de $\sigma(S)$ et que π est régulier aux points de $\sigma(S)$. Ainsi l'ouvert $W' = \pi^{-1}(W)$ est régulier en les points de $W'-V'$, le faisceau inversible L' sur V' se prolonge donc en un faisceau inversible sur W', lequel se prolonge en un faisceau cohérent M' sur S'. Soit $J = \mathrm{Cf}(F(M'))$; d'après 2.2.1 on a $J|W = \underline{O}_W$; ainsi l'éclatement normalisé de J, soit T, est W-admissible. Soient N' l'image réciproque de M' sur $T' = T \times_S S'$ et $\overline{N}' = N'/\mathrm{Ann}_{N'}(J)$. Enfin soient X' le plus grand ouvert de T' sur lequel $\overline{N}'$ est inversible et $j' : X' \to T'$ l'immersion correspondante.

LEMME 2.4.1.- L'ouvert X' contient les points génériques des fibres de $T' \to T$.

Démonstration. Soient t un point de T, T_t le localisé de T en t, T'' le complété de $T' \times_T T_t$ le long de la section $\sigma(T_t)$ et η le point générique de la fibre spéciale de $T'' \to T_t$. Soit N'' l'image réciproque de N' sur T'' et $\overline{N}''$ celle de $\overline{N}'$. D'après les lemmes 2.3.3 et 2.3.4, l'idéal $F(N'')_\eta$ de $\underline{O}_{T''_\eta}$ est inversible et engendré par un générateur de l'idéal $\mathrm{Cf}(F(N'')) = J\underline{O}_{T_t}$; donc (2.2.2) $\overline{N}'' = N''/\mathrm{Ann}_{N''}(J)$ est inversible en η. D'où le lemme par descente fidèlement plate.

LEMME 2.4.2.- Le couple $(T', T'-X')$ est parafactoriel.

Démonstration. Soient t' un point de $T'-X'$ et t son image dans T. Si $\dim(T_t) = 1$, T_t est régulier donc aussi $T'_{t'}$ et $\dim(T'_{t'}) \geqslant 2$ d'après le lemme précédent, donc l'anneau local $T'_{t'}$ est parafactoriel. Si $\dim(T_t) \geqslant 2$, on a

$\mathrm{prof}(T_t) \geqslant 2$, donc $\mathrm{prof}(T'_{t'}) \geqslant 3$ et $T'_{t'}$ est parafactoriel d'après la variante II 9.7 du théorème de Ramanujam-Samuel [pour appliquer l'énoncé II 9.7, on remarquera que si θ' est une spécialisation de t' appartenant à $\sigma(T)$ et θ l'image de θ' dans T , t' n'est pas générisation du point générique de la fibre spéciale de $T'_{\theta'} \to T_\theta$] .

Le faisceau $j'_* j'^* \overline{N}'$ est inversible sur T', d'après le lemme ci-dessus, et prolonge L', d'où la proposition.

<u>Remarque</u> 2.5.- On peut utiliser la proposition précédente pour montrer que, si A est un anneau local complet factoriel à corps résiduel algébriquement clos, l'anneau $A[[T]]$ est factoriel (cf. J. Lipman [34]) et que, si de plus le corps résiduel est de caractéristique 0, alors A vérifie la propriété (S_3) (cf. V.I. Danilov [14] ou R. Hartshorne et A. Ogus [29] pour des démonstrations utilisant la résolution des singularités).

Nous reprenons maintenant les notations et les hypothèses du paragraphe 1. Soient k un corps parfait, R une k-algèbre locale noethérienne excellente normale à corps résiduel k telle que $\dim(R) \geqslant 2$ et X un R-schéma propre réduit vérifiant la condition (N) et tel que $\Gamma(X, \underline{O}_X) = R$. Soient V l'ouvert complémentaire de la fibre fermée de $X \to \mathrm{Spec}(R)$ et $W = V \cup \mathrm{Reg}(X)$.

PROPOSITION 2.6.- <u>Il existe un éclatement</u> W-<u>admissible normalisé</u> X_1 <u>de</u> X <u>tel que le morphisme canonique</u> $(\underline{\mathrm{Pic}}^{\#}_{\tilde{X}_1/k})^0_{\mathrm{red}} \to (\underline{\mathrm{Picloc}}_{R/k})^0_{\mathrm{red}}$ <u>soit un isomorphisme.</u>

<u>Démonstration.</u> Soient A l'anneau local à l'origine de $(\underline{\mathrm{Picloc}}_{R/k})_{\mathrm{red}}$, L le faisceau inversible universel sur $\tilde{U}_A$ et L' l'image réciproque de L sur $\tilde{V}_A$. Comme R est excellent et X réduit, $\tilde{X}_k$ est excellent et réduit et, comme A est une k-algèbre géométriquement régulière à corps résiduel k , le morphisme $\pi : \tilde{X}_A \to \tilde{X}_k$ est régulier et muni d'une section σ ; de plus $\tilde{X}_A$ est le seul voisinage de $\sigma(\tilde{X}_k)$ dans $\tilde{X}_A$. D'après 2.4, il existe un éclatement $\tilde{W}_k$-admissible normalisé $\tilde{X}_1$ de $\tilde{X}_k$ tel que L' se prolonge en un faisceau inversible L'' sur $\tilde{X}_{1A}$.

Si $\tilde{X}_1$ est l'éclatement d'un idéal J de $\underline{O}_{\tilde{X}_k}$, on a $J|\tilde{V}_k = \underline{O}_{\tilde{V}_k}$, donc $J = I\underline{O}_{\tilde{X}_k}$ où I est un idéal de $\underline{O}_X$. Ainsi $\tilde{X}_1$ provient d'un éclatement W-admissible X_1 de X. Soient $\pi_1 : \tilde{X}_{1A} \to \tilde{X}_1$ et $\sigma_1 : \tilde{X}_1 \to \tilde{X}_{1A}$ les morphismes évidents.

Puisque L est une déformation du faisceau trivial sur $\tilde{U}_k$, on a $(\sigma_1^* L")|\tilde{V}_k = \underline{O}_{\tilde{V}_k}$; donc, quitte à remplacer $L"$ par $L" \otimes \pi_1^*\sigma_1^* L"^{-1}$, on peut supposer que $L"$ est une déformation du faisceau trivial sur $\tilde{X}_1$. Alors $L"$ correspond à un morphisme $\mathrm{Spec}(A) \to (\underline{\mathrm{Pic}}^{\#}_{\tilde{X}_1/k})^{o}_{red}$ qui relève le morphisme canonique $\mathrm{Spec}(A) \to (\underline{\mathrm{Picloc}}_{R/k})^{o}_{red}$ correspondant à L ; d'où la proposition, puisqu'on sait par ailleurs (1.7) que le morphisme $(\underline{\mathrm{Pic}}^{\#}_{\tilde{X}_1/k})^{0} \to \underline{\mathrm{Picloc}}_{R/k}$ est un monomorphisme.

COROLLAIRE 2.7.- _Si le groupe abélien_ $\underline{\mathrm{NSloc}}_{R/k}(\bar{k})$ _est de type fini, il en est de même du groupe_ $\underline{\mathrm{NS}}^{\#}_{\tilde{X}/k}(\bar{k})$.

Démonstration. Soit X_1 comme ci-dessus. On a alors une suite exacte

$$0 \to \underline{D}_{\tilde{X}_1/k}(\bar{k}) \to \underline{\mathrm{NS}}^{\#}_{\tilde{X}_1/k}(\bar{k}) \to \underline{\mathrm{NSloc}}_{R/k}(\bar{k}) ,$$

où $\underline{D}_{\tilde{X}_1/k}(\bar{k})$ est de type fini (1.3). Par ailleurs (IV 7.1) le morphisme canonique $\underline{\mathrm{Pic}}^{\#}_{\tilde{X}_1/k} \to \underline{\mathrm{Pic}}^{\#}_{\tilde{X}/k}$ est représentable par une immersion fermée, donc le noyau de l'homomorphisme $\underline{\mathrm{NS}}^{\#}_{\tilde{X}/k}(\bar{k}) \to \underline{\mathrm{NS}}^{\#}_{\tilde{X}_1/k}(\bar{k})$ est un groupe fini, d'où le corollaire.

3. Le diviseur exceptionnel d'une résolution des singularités.

3.1 Soient X un schéma régulier, E un sous-schéma fermé réduit de codimension 1 dans X et W un sous-schéma fermé de X. Nous dirons que E est à croisements normaux avec W si, pour tout point x de W, il existe un système régulier de paramètres de l'anneau local $\underline{O}_{X,x}$ de X en x, soit $(z_1,\dots,z_n)$ tel que l'idéal dans $\underline{O}_{X,x}$ de toute composante irréductible de E contenant x est engendré par l'un des z_i et que l'idéal de W dans $\underline{O}_{X,x}$ est engendré par certains des z_i.

Si c'est le cas pour $W = X$, nous dirons que E est un diviseur à croisements normaux. [Il résulte en particulier de cette définition que les composantes irréductibles de E sont alors régulières].

3.2 Soit X un schéma régulier. On appelle donnée de résolution sur X un couple (E,W) formé d'un diviseur à croisements normaux E sur X et d'un sous-schéma fermé réduit W de X. On dit que (E,W) est résolue si W est régulier et E à croisements normaux avec W.

Soient B un sous-schéma fermé de X et $f : X' \to X$ l'éclatement de centre B. On dit que f est permis pour (E,W) si B est régulier irréductible et contenu dans W, si W est normalement plat le long de B et si E est à croisements normaux avec B.

Soient alors $\tilde{E}'$ le transformé strict de E par f, $E'_0 = f^{-1}(B)$, $E' = f^{-1}(E)_{red} = \tilde{E}' \cup E'_0$ et W' le transformé strict de W par f. On vérifie facilement que E' est un diviseur à croisements normaux sur X' (cf. Hironaka [30], p. 169) ; donc (E',W') est une donnée de résolution sur X', on la note $f^*(E,W)$.

On dit qu'une suite d'éclatements $f = \{f_i : X_{i+1} \to X_i\}$, avec $0 \leqslant i < m$ et $X_0 = X$, à centres B_i dans X_i est permise pour (E,W), s'il existe une donnée de résolution (E_i,W_i) sur X_i, pour $0 \leqslant i \leqslant m$, telle que

a) $(E_0,W_0) = (E,W)$,

b) f_i est un éclatement permis pour (E_i,W_i),

c) $(E_{i+1},W_{i+1}) = f_i^*(E_i,W_i)$ pour $0 \leqslant i < m$.

On dit alors que (E_m, W_m) est le transformé de (E,W) par f et on le note $f^*(E,W)$. On notera aussi par abus de langage $f : X_m \to X$, mais on entend par là une factorisation spécifiée en éclatements f_i à centres spécifiés B_i, $f^*(E,W)$ dépend des B_i.

Ces définitions sont des cas particuliers de définitions introduites par Hironaka (donnée de résolution de type $R_I^{N,n}$) dans son mémoire sur la résolution des singularités [30].

3.3 Nous dirons qu'un anneau local noethérien R est <u>fortement désingularisable</u> si les deux propriétés suivantes sont vérifiées :

(i) Pour toute R-algèbre finie réduite R', il existe un sous-schéma fermé Σ de $\mathrm{Spec}(R')$ dont l'ensemble des points soit le lieu singulier de $\mathrm{Spec}(R')$ et tel que le schéma obtenu en éclatant Σ dans $\mathrm{Spec}(R')$ soit régulier.

(ii) Pour tout R-schéma régulier de type fini X, avec $\dim(X) \leqslant \dim(R)$, et pour toute donnée de résolution (E,W) sur X, il existe une suite finie d'éclatements, soit $f : X' \to X$, permise pour (E,W) telle que $f^*(E,W)$ soit résolue.

On remarquera que si R est fortement désingularisable, il en est de même de toute R-algèbre finie locale. D'après Hironaka ([30], th. $I_2^{N,n}$, p. 170) tout anneau local complet contenant un corps de caractéristique 0 est fortement désingularisable.

3.4 Soient R un anneau local noethérien et X un R-schéma propre. Nous dirons que X vérifie la <u>condition</u> (N_*) si l'une des deux conditions suivantes est réalisée :

(i) X vérifie la condition (N) et $\Gamma(X, \underline{O}_X)$ est normal,

(ii) $\Gamma(X, \underline{O}_X)$ est de longueur finie.

Nous dirons que X vérifie la <u>condition</u> $(N_*^!)$ s'il existe une suite croissante d'idéaux de R telle que tous les composants réduits de X relativement à cette suite (IV 5.5) vérifient la condition (N_*).

Le but de ce paragraphe est de démontrer la proposition suivante :

PROPOSITION 3.5.- Soit R un anneau local noethérien réduit fortement désingularisable. Alors il existe un sous-schéma fermé Σ de $\mathrm{Spec}(R)$ tel que :

(i) l'ensemble des points de Σ est le lieu singulier de $\mathrm{Spec}(R)$,

(ii) le R-schéma X obtenu en éclatant Σ est régulier,

(iii) le sous-schéma fermé réduit E de X sous-jacent à l'image réciproque de Σ est un diviseur à croisements normaux et vérifie la condition $(N_*^!)$.

Rappelons que, si Σ est un sous-schéma fermé de $\mathrm{Spec}(R)$, $f : X \to \mathrm{Spec}(R)$ l'éclatement de Σ et $g : X' \to X$ l'éclatement d'un sous-schéma fermé de X dont les points appartiennent à l'image réciproque de Σ , alors $g \circ f : X' \to \mathrm{Spec}(R)$ est l'éclatement d'un sous-schéma fermé Σ' de $\mathrm{Spec}(R)$ ayant mêmes points que Σ ([44], 5.1.4). Il résulte donc de la définition d'un anneau fortement désingularisable qu'il existe un sous-schéma fermé Σ de $\mathrm{Spec}(R)$ possédant les propriétés (i), (ii), (iii) sauf que dans (iii) le diviseur E ne vérifie peut-être pas la condition $(N_*^!)$.

3.6 Soient X un schéma régulier et E un diviseur à croisements normaux dans X . Soient B un sous-schéma fermé de X et $f : X' \to X$ l'éclatement de centre B. On dira que f est permis pour E si B est régulier et contenu dans E et si E est à croisements normaux avec B . Alors $f^{-1}(E)_{red} = E'$ est un diviseur à croisements normaux dans X' , réunion du transformé strict $\tilde{E}'$ de E par f et de $E'_0 = f^{-1}(B)$.

On dira qu'une suite d'éclatements $f = \{f_i : X_{i+1} \to X_i\}$, avec $0 \leqslant i < m$ et $X_0 = X$, à centres B_i dans X_i est permise pour E , s'il existe des diviseurs à croisements normaux E_i dans X_i , pour $0 \leqslant i \leqslant m$ tels que

a) $E_0 = E$,

b) f_i est un éclatement permis pour E_i ,

c) $E_{i+1} = f_i^{-1}(E_i)_{red}$ pour $0 \leqslant i < m$.

Par abus de langage, on note $f : X_m \to X$, de sorte qu'on a $E_m = f^{-1}(E)_{red}$.

LEMME 3.7.- *Soient* X *un schéma régulier,* E *un diviseur à croisements normaux dans* X *et* Y *une partie de* X *stable par spécialisation. Alors il existe une suite finie d'éclatements, soit* $f : X' \to X$, *permise pour* E *telle que, si* E'_1 *et* E'_2 *sont deux composantes irréductibles de* $f^{-1}(E)$ *non contenues dans* $f^{-1}(Y)$, *aucune composante de* $E'_1 \cap E'_2$ *n'est contenue dans* $f^{-1}(Y)$.

Démonstration. Soient $E_1,\dots,E_r$ les composantes irréductibles de E qui ne sont pas contenues dans Y . Soit Z la plus grande partie ouverte et fermée du schéma régulier $E_1 \cap E_2$ contenue dans Y et soit $\bar{f} : \bar{X} \to X$ l'éclatement de centre Z . Il est clair que $\bar{f}$ est permis pour E , en particulier $\bar{X}$ est régulier et $\bar{f}^{-1}(E)_{red}$ est un diviseur à croisements normaux dans $\bar{X}$. De plus, comme Z est contenu dans Y , les seules composantes irréductibles de $\bar{f}^{-1}(E)$ qui ne sont pas contenues dans $\bar{f}^{-1}(Y)$ sont les transformés stricts $\bar{E}_1,\dots,\bar{E}_r$ de $E_1,\dots,E_r$ et, si aucune composante connexe de $E_i \cap E_j$ $(i,j \in \{1,\dots,r\})$ n'est contenue dans Y , alors aucune composante connexe de $\bar{E}_i \cap \bar{E}_j$ n'est contenue dans $\bar{f}^{-1}(Y)$. Enfin aucune composante connexe de $\bar{E}_1 \cap \bar{E}_2$ n'est contenue dans $\bar{f}^{-1}(Y)$. Par suite, en répétant un processus semblable pour tous les couples d'indices $\in \{1,\dots,r\}$, on aboutit à la situation voulue.

La proposition 3.5 résulte de la proposition suivante :

PROPOSITION 3.8.- *Soient* R *un anneau local noethérien fortement désingularisable,* X *un* R*-schéma propre régulier tel que* $\dim(X) \leqslant \dim(R)$ *et* E *un diviseur à croisements normaux dans* X . *Alors il existe une suite finie d'éclatements, soit* $f : X' \to X$, *permise pour* E *telle que* $f^{-1}(E)_{red}$ *vérifie la condition* (N'_*).

Démonstration. On procède par récurrence sur $\dim \Gamma(E,\underline{O}_E)$, il n'y a rien à démontrer si $\dim \Gamma(E,\underline{O}_E) = 0$.

Soit E_η la réunion des fibres maximales de $E \to \mathrm{Spec}(\Gamma(E,\underline{O}_E))$. On dira que E vérifie la condition (N_0) si, quelles que soient les composantes irréductibles E_1 , E_2 de E qui rencontrent E_η , toute composante de $E_1 \cap E_2$ rencontre E_η . Il est clair que si E vérifie la condition (N_0) et si $f : X' \to X$ est un éclatement permis pour E , $f^{-1}(E)_{red}$ vérifie la condition (N_0).

De plus, si E vérifie la condition (N_0), l'adhérence schématique $\bar{E}$ de E_η dans E (autrement dit le sous-schéma fermé réduit de E réunion des composantes irréductibles de E qui rencontrent E_η) vérifie la condition (N_*). En effet $\bar{E}$ est un diviseur à croisements normaux dans X , en particulier les anneaux locaux en tous les points de $\bar{E}$ sont de Cohen-Macaulay ; le lieu singulier de $\bar{E}$ est de codimension 1 dans $\bar{E}$ (éventuellement vide) et ses points maximaux sont contenus dans E_η . Donc $\underline{O}_{\bar{E}}$ est intégralement clos dans $\underline{O}_{E_\eta}$ et $\Gamma(\bar{E},\underline{O}_{\bar{E}})$ est intégralement clos dans $\Gamma(E_\eta,\underline{O}_{E_\eta})$ qui est un produit de corps.

D'après le lemme 3.7, étant donné un diviseur à croisements normaux E dans X , il existe une suite finie d'éclatements, soit $f : X' \to X$, permise pour E , telle que $f^{-1}(E)_{red}$ vérifie la condition (N_0). Quitte à remplacer X par X' et E par $f^{-1}(E)_{red}$, on peut donc supposer que E vérifie (N_0).

Soient F le sous-schéma fermé réduit de E réunion des composantes irréductibles de E qui ne rencontrent pas E_η , I l'idéal de R qui définit l'image de F dans $\mathrm{Spec}(R)$ et W le sous-schéma fermé réduit de E sous-jacent au fermé défini par I . Puisque R est fortement désingularisable, il existe une suite finie d'éclatements, soit $f : X' \to X$, permise pour (E,W) - a fortiori permise pour E - telle que $f^*(E,W) = (E',W')$ soit résolue. Alors l'éclatement $g : X'' \to X'$ de centre W' est permis pour E', de plus $(g\circ f)^{-1}(E)_{red}$ et $(g\circ f)^{-1}(W)_{red}$ sont des diviseurs à croisements normaux dans X''. Quitte à remplacer X par X'' et E par $(g\circ f)^{-1}(E)_{red}$, on peut donc supposer que W est un diviseur à croisements normaux dans X , c'est-à-dire qu'on a $W = F$.

Par hypothèse de récurrence, il existe une suite finie d'éclatements $f : X' \to X$, permise pour W - a fortiori permise pour E - telle que $f^{-1}(W)_{red}$ vérifie la condition $(N_*^!)$. Alors $E' = f^{-1}(E)_{red}$ vérifie la condition $(N_*^!)$. En effet, comme E' vérifie la condition (N_0), l'adhérence schématique $\bar{E}'$ de E'_η dans E', qui n'est autre que le sous-schéma fermé de E' obtenu en annulant les sections de $\underline{O}_{E'}$ à support dans $V(I\underline{O}_{E'})$, vérifie la condition (N_*) et $V(IO_{E'})_{red} = f^{-1}(W)_{red}$ vérifie la condition $(N_*^!)$.

4. Théorèmes de finitude.

Soient comme précédemment k un corps, R une k-algèbre locale noethérienne à corps résiduel k et X un R-schéma propre. On note $\bar{k}$ une clôture algébrique de k .

PROPOSITION 4.1.- Supposons que k est parfait, que X vérifie la condition (N) et que $\dim \Gamma(X,\underline{O}_X) = 1$. Alors $(\underline{\mathrm{Pic}}^{\#}_{\tilde{X}/k})^{\circ}$ est un schéma en groupes radiciel et le groupe $\underline{\mathrm{Pic}}^{\#}_{\tilde{X}/k}(\bar{k}) = \underline{\mathrm{NS}}^{\#}_{\tilde{X}/k}(\bar{k})$ est de type fini.

Démonstration. (cf. [43], 6.1) D'après 1.4, il suffit de démontrer que $\underline{\mathrm{Pic}}^{\#}_{\tilde{X}/k}(\bar{k})$ est un groupe de type fini. Soit D le groupe des diviseurs de Cartier sur $\tilde{X}_{\bar{k}}$ dont le support est contenu dans la fibre fermée et soit D_o le sous-groupe de D formé des diviseurs principaux. On a $\underline{\mathrm{Pic}}^{\#}_{\tilde{X}/k}(\bar{k}) = D/D_o$.

Soient $E_1,\dots,E_r$ les composantes irréductibles de la fibre fermée de $\tilde{X}_{\bar{k}} \to \mathrm{Spec}(R \tilde{\otimes}_k \bar{k})$ et $C \simeq \mathbb{Z}^r$ le groupe libre des cycles 1-codimensionnels de X ayant pour base $E_1,\dots,E_r$. D'après la condition (N), $\tilde{X}_{\bar{k}}$ est normal en les points maximaux de $E_1,\dots,E_r$ et ces points sont les seuls points de profondeur 1 du support des diviseurs de D , par suite l'application canonique $D \to C$ est injective, d'où la proposition.

PROPOSITION 4.2.- Supposons que k est parfait, que X vérifie la condition (N') et que $\dim \Gamma(X,\underline{O}_X) \leqslant 1$. Alors le groupe $\underline{\mathrm{NS}}^{\#}_{\tilde{X}/k}(\bar{k})$ est de type fini.

Démonstration. Si $\dim \Gamma(X,\underline{O}_X) = 0$, on a $\underline{\mathrm{Pic}}^{\#}_{\tilde{X}/k} = \underline{\mathrm{Pic}}_{X/k}$ et $\underline{\mathrm{NS}}^{\#}_{\tilde{X}/k}(\bar{k})$ est le groupe de Néron-Severi de $X \otimes_k \bar{k}$; c'est un groupe de type fini (SGA 6, XIII, 5.1).

Supposons maintenant que $\dim \Gamma(X,\underline{O}_X) = 1$. Soient X_1 et X_2 les composants réduits de X (relativement à la suite $0 \subset$ idéal maximal de R), ils sont tels que X_1 vérifie la condition (N), $\dim \Gamma(X_1,\underline{O}_{X_1}) = 1$ et $\dim \Gamma(X_2,\underline{O}_{X_2}) = 0$. Ainsi d'après ce qui précède, les groupes $\underline{\mathrm{NS}}^{\#}_{\tilde{X}_1/k}(\bar{k})$ et $\underline{\mathrm{NS}}^{\#}_{\tilde{X}_2/k}(\bar{k})$ sont de type fini. De plus l'homomorphisme canonique $\underline{\mathrm{Pic}}^{\#}_{\tilde{X}/k} \to \underline{\mathrm{Pic}}^{\#}_{\tilde{X}_1/k} \times \underline{\mathrm{Pic}}_{X_2/k}$ est représentable par un morphisme affine de présentation finie (IV 5.6), donc le noyau de l'homomorphisme canonique $\underline{NS}^{\#}_{\tilde{X}/k}(\bar{k}) \to \underline{NS}^{\#}_{\tilde{X}_1/k}(\bar{k}) \times \underline{NS}^{\#}_{\tilde{X}_2/k}(\bar{k})$ est un groupe fini.

THÉORÈME 4.3.- *Supposons* k *parfait et* R *excellent fortement désingularisable. Alors* :

(i) *Si* R *est normal et* $\dim(R) \geq 2$, *le groupe* $\underline{NSloc}_{R/k}(\bar{k})$ *est de type fini.*

(ii) *Si* X *vérifie la condition* $(N^!_*)$, *le groupe* $\underline{NS}^{\#}_{\tilde{X}/k}(\bar{k})$ *est de type fini.*

Quitte à remplacer R par $R\tilde{\otimes}_k\bar{k}$, on peut pour démontrer le théorème supposer que k est *algébriquement clos* et R *hensélien*. De plus, d'après 4.2, l'assertion (ii) est vraie si $\dim \Gamma(X,\underline{O}_X) \leq 1$, on peut donc supposer que $\dim(R) \geq 2$. On démontre alors par récurrence sur n les énoncés suivants :

(I.n) Si R' est une R-algèbre finie locale normale et si $2 \leq \dim(R') \leq n$, le groupe $\underline{NSloc}_{R'/k}(k)$ est de type fini.

(II.n) [resp. (II'.n)] Si X est un R-schéma propre vérifiant la condition (N_*) [resp. $(N^!_*)$] et si $\dim \Gamma(X,\underline{O}_X) \leq n$, le groupe $\underline{NS}^{\#}_{\tilde{X}/k}(k)$ est de type fini.

D'après 4.2 les énoncés (II.0) et (II.1) sont vrais, le théorème résulte donc des implications suivantes :

Implication A. (I.n)+(II.1) $\Longrightarrow$ (II.n) pour $n \geq 2$.

Implication B. (II.n) $\Longrightarrow$ (II'.n) pour $n \geq 0$.

Implication C. (II'.n-2) $\Longrightarrow$ (I.n) pour $n \geq 2$.

Démontrons successivement ces trois implications.

Démonstration de l'implication A. On peut supposer X connexe, alors $\Gamma(X,\underline{O}_X)$ est une R-algèbre finie locale, puisque R est hensélien, et normale puisque X vérifie la condition (N_*). L'implication A n'est autre que le corollaire 2.7.

Démonstration de l'implication B. Si X vérifie la condition $(N^!_*)$, il existe une suite croissante d'idéaux de R telle que les composants réduits de X relativement à cette suite, soient X_i pour $1 \leq i \leq m$, vérifient la condition (N_*). Si dim $\Gamma(X,\underline{O}_X) \leqslant n$, on a dim $\Gamma(X_i,\underline{O}_{X_i}) \leqslant n$ pour $1 \leqslant i \leqslant m$. Ainsi l'implication B résulte immédiatement du fait que l'homomorphisme canonique $\underline{\mathrm{Pic}}^{\#}_{\tilde{X}/k} \to \prod_{i=1}^{m} \underline{\mathrm{Pic}}^{\#}_{\tilde{X}_i/k}$ est représentable par un morphisme de type fini (IV 5.6).

<u>Démonstration de l'implication</u> C . Si R' est une R-algèbre finie locale normale et $\dim(R') \geqslant 2$, il existe d'après 3.5 un sous-schéma fermé Σ' de Spec(R') tel que :

(i) l'ensemble des points de Σ' est le lieu singulier de Spec(R'),

(ii) le R'-schéma X' obtenu en éclatant Σ' est régulier,

(iii) le sous-schéma fermé réduit E' de X' sous-jacent à l'image réciproque de Σ' vérifie la condition $(N^!_*)$.

D'après (i), on a puisque R' est normal, $\dim(\Gamma(E',\underline{O}_{E'})) \leqslant \dim(R')-2$. D'après 1.8.2, le groupe $\underline{\mathrm{NSloc}}_{R'/k}(k)$ est un quotient de $\underline{\mathrm{NS}}^{\#}_{\tilde{X}'/k}(k)$. De plus l'homomorphisme canonique $\underline{\mathrm{Pic}}^{\#}_{\tilde{X}'/k} \to \underline{\mathrm{Pic}}^{\#}_{\tilde{E}'/k}$ est représentable par un morphisme de type fini (IV 6.6), donc le noyau de $\underline{\mathrm{NS}}^{\#}_{\tilde{X}'/k}(k) \to \underline{\mathrm{NS}}^{\#}_{\tilde{E}'/k}(k)$ est un groupe fini.

<u>Remarque</u> 4.4.- Si R est normal de dimension 2, le groupe $\underline{\mathrm{NSloc}}_{R/k}(\bar{k})$ est fini. Plus précisément, si $E_1,\ldots,E_r$ sont les composantes irréductibles (réduites) de la fibre spéciale d'une résolution des singularités de $R \otimes_k \bar{k}$, le groupe $\underline{\mathrm{NSloc}}_{R/k}(\bar{k})$ s'identifie au conoyau de l'endomorphisme de $\mathbb{Z}^r$ défini par la matrice d'intersection $((E_i,E_j))$, laquelle est négative non dégénérée (cf. D. Mumford [37] et J. Lipman [33],§ 14).

Notons comme d'habitude U l'ouvert complémentaire du point fermé dans Spec(R). En combinant le théorème 4.3 et les résultats du paragraphe 2, on a :

PROPOSITION 4.5.- <u>Supposons</u> k <u>parfait et</u> R <u>excellent normal fortement désingularisable de dimension</u> $\geqslant 3$. <u>Alors il existe un éclatement</u> U-<u>admissible normalisé</u> X <u>de</u> Spec(R) <u>tel que l'homomorphisme canonique</u>
$(\underline{\mathrm{Pic}}^{\#}_{\tilde{X}/k})_{red} \to (\underline{\mathrm{Picloc}}_{R/k})_{red}$ <u>soit surjectif</u>.

<u>Démonstration</u>. Montrons tout d'abord qu'étant donné un faisceau inversible $\bar{L}$ sur $\tilde{U}_{\bar{k}}$ et un éclatement U-admissible normalisé X de $\mathrm{Spec}(R)$, il existe un éclatement U-admissible normalisé X' de X tel que $\bar{L}$ se prolonge en un faisceau inversible sur $\tilde{X}'_{\bar{k}}$. Soient $\bar{M}$ un faisceau cohérent qui prolonge $\bar{L}$ sur $\tilde{X}_{\bar{k}}$ et $\bar{I}$ l'idéal de Fitting de $\bar{M}$. Soit k_0 une extension galoisienne finie de k telle que $\bar{I}$ provient d'un idéal I_0 de $\underline{O}_{X_0}$ et soient I_0^{σ} les transformés de I_0 par les éléments σ de $G = \mathrm{Gal}(k_0/k)$. Alors l'idéal $J_0 = \prod_{\sigma\in G} I_0^{\sigma}$ provient d'un idéal J de $\underline{O}_X$ tel que $V(J)$ soit contenu dans la fibre fermée de $X \to \mathrm{Spec}(R)$. Si X' est l'éclatement normalisé de J , l'image réciproque de $\bar{I}$ sur $\tilde{X}'_{\bar{k}}$ est inversible, donc le transformé strict $\bar{M}'$ de $\bar{M}$ est un faisceau inversible sur $\tilde{X}'_{\bar{k}}$ (2.2.2) et prolonge $\bar{L}$.

D'après 2.6, il existe un éclatement U-admissible normalisé X de $\mathrm{Spec}(R)$ tel que le morphisme canonique $(\underline{\mathrm{Pic}}^{\#}_{\tilde{X}/k})^{o}_{red} \to (\underline{\mathrm{Picloc}}_{R/k})^{o}_{red}$ soit un isomorphisme. Soient $\bar{L}_1,\dots,\bar{L}_m$ des faisceaux inversibles sur $\tilde{U}_{\bar{k}}$ représentant un système de générateurs de $\underline{\mathrm{NSloc}}_{R/k}(\bar{k})$ (qui est de type fini d'après 4.3). D'après ce qui précède, quitte à remplacer X par un éclatement U-admissible normalisé convenable, on peut supposer que $\bar{L}_1,\dots,\bar{L}_m$ se prolongent en des faisceaux inversibles sur $\tilde{X}_{\bar{k}}$. Alors l'homomorphisme canonique $(\underline{\mathrm{Pic}}^{\#}_{\tilde{X}/k})_{red} \to (\underline{\mathrm{Picloc}}_{R/k})_{red}$ est surjectif.

Le théorème 4.3 entraîne également un résultat de finitude en cohomologie ℓ-adique :

PROPOSITION 4.6.- <u>Supposons</u> k <u>algébriquement clos et</u> R <u>hensélien excellent normal fortement désingularisable de dimension</u> $\geqslant 2$. <u>Soient</u> g <u>la dimension de la partie variété abélienne de</u> $\underline{\mathrm{Picloc}}^{o}_{R/k}$ <u>et</u> t <u>la dimension de sa partie torique. Alors, pour tout nombre premier</u> $\ell \neq \mathrm{car}(k)$, <u>le</u> $\mathbb{Z}_{\ell}$-module $H^1(U,\mathbb{Z}_{\ell})$ <u>est de type fini et de rang</u> $2g+t$, <u>de plus il est sans torsion sauf pour un nombre fini de</u> ℓ .

<u>Démonstration</u>. Rappelons qu'on a, par définition,

$$H^1(U,\mathbb{Z}_{\ell}) = \varprojlim H^1_{et}(U,\mathbb{Z}/\ell^m\mathbb{Z}) .$$

Comme k est algébriquement clos, on peut identifier $\mathbb{Z}/\ell^m\mathbb{Z}$ à μ_{ℓ^m} ; or, d'après la suite exacte de Kummer, on a, pour tout entier n premier à la caractéristique de k ,

$$H^1(U,\mu_n) = \mathrm{Pic}(U)_n ,$$

où, pour tout groupe G , on note G_n le noyau de l'élévation à la puissance n dans G . De plus, comme $\underline{\mathrm{Picloc}}^0_{R/k}(k)$ est un groupe divisible, on a une suite exacte :

$$0 \to \underline{\mathrm{Picloc}}^0_{R/k}(k)_n \to \mathrm{Pic}(U)_n \to \underline{\mathrm{NSloc}}_{R/k}(k)_n \to 0 .$$

La proposition résulte donc du théorème 4.3 et de la structure bien connue des points d'ordre fini premier à la caractéristique d'un groupe algébrique.

Remarque 4.7.- Si Y est un schéma normal propre sur un corps algébriquement clos k , la composante neutre de $\underline{\mathrm{Pic}}_{Y/k}$ est une variété abélienne (cela résulte par exemple du théorème de Ramanujam-Samuel qui montre que $\underline{\mathrm{Pic}}_{Y/k}$ satisfait le critère valuatif de propreté). Par contre, même si R est normal, $\underline{\mathrm{Picloc}}^0_{R/k}$ n'est pas nécessairement une variété abélienne ; montrons le sur un exemple de dimension 2.

Soient C une cubique plane et X' la surface obtenue en éclatant dans $\mathbb{P}^2$ dix points non singuliers de C , de sorte que la transformée stricte C' de C est isomorphe à C et de self-intersection $(C'.C') = -1$. D'après le critère de contraction de Castelnuovo-Artin ([6], 6.12), il existe un espace algébrique X et un morphisme propre $f : X' \to X$ tel que $f(C')$ soit un point x de X , que f induise un isomorphisme entre $X'-C'$ et $X-\{x\}$ et qu'on ait $f_*\underline{O}_{X'} = \underline{O}_X$ (en particulier X est normal). Soit $R = \underline{O}_{X,x}$; c'est un anneau local hensélien normal de dimension 2 à singularité isolée, $X' \times_X \mathrm{Spec}(R)$ en est une résolution des singularités et C' est la fibre exceptionnelle réduite de cette résolution. Soit I' l'idéal qui définit C' dans X' . Le faisceau I'/I'^2 est inversible de degré 1 sur la courbe C' qui est de genre arithmétique 1 , on a donc $H^1(C',I'^n/I'^{n+1}) = 0$ pour tout $n > 0$. Il en résulte d'après le dévissage de Oort, que l'application canonique $\underline{\mathrm{Pic}}_{\tilde{X}'/k} \to \underline{\mathrm{Pic}}_{C'/k}$ est un isomorphisme. De plus, comme $(C'.C') = -1$, on a $\underline{\mathrm{NSloc}}_{R/k} = \{0\}$ (cf. remarque 4.4) ; d'où finalement $\underline{\mathrm{Picloc}}_{R/k} = \underline{\mathrm{Pic}}^{o}_{C/k}$. Suivant que C est non singulière, à point double ordinaire ou à point de retroussement, $\underline{\mathrm{Picloc}}_{R/k}$ est isomorphe à C , $\mathbb{G}_m$ ou $\mathbb{G}_a$.

D'après Hironaka [30], tout anneau local complet contenant un corps de caractéristique 0 est fortement désingularisable.

COROLLAIRE 4.8.- *Supposons que* k *est de caractéristique* 0 *et que le complété de* R *est normal de dimension* $\geqslant 2$, *alors le groupe* $\underline{\mathrm{NSloc}}_{R/k}(\bar{k})$ *est de type fini.*

En particulier on a dans le cas discret :

COROLLAIRE 4.9.- *Supposons que* k *est de caractéristique* 0 , *que* R *est strictement hensélien de dimension* $\geqslant 3$ *et que le complété de* R *est normal. Alors* R *est de profondeur* $\geqslant 3$ *si et seulement si le groupe* Pic(U) *est de type fini.*

5. Cas d'un cône projetant.

Soient k un corps parfait, X_o un k-schéma projectif normal géométriquement connexe de dimension $\geqslant 2$ et L un faisceau inversible ample sur X_o. Soient $\bar{X} = \mathbb{V}(L)$ le fibré en droites correspondant et $j : X_o \to X$ la section nulle de ce fibré. On a $\Gamma(\bar{X},\underline{O}_{\bar{X}}) = \bigoplus_{n\geqslant 0} \Gamma(X_o,L^{\otimes n})$; on dira que $C = \operatorname{Spec} \Gamma(\bar{X},\underline{O}_{\bar{X}})$ est le cône projetant de (X_o,L) et que le point fermé s de C défini par l'idéal maximal $\bigoplus_{n>0} \Gamma(X_o,L^{\otimes n})$ est le sommet de ce cône. Le morphisme canonique $p : \bar{X} \to C$ est propre, il induit un isomorphisme au-dessus de $C-s$ et on a $p^{-1}(s)_{red} = j(X_o)$.

Soient $R = \underline{O}_{C,s}$ l'anneau local au sommet du cône et $X = \bar{X} \times_C \operatorname{Spec}(\underline{O}_{C,s})$. L'anneau R est normal et essentiellement de type fini sur k à corps résiduel k, de plus on a $\dim(R) = \dim(X_o)+1 \geqslant 3$. Par conséquent $\underline{\text{Picloc}}_{R/k}$ est représentable (II 7.8), son algèbre de Lie est $H^1(U,\underline{O}_U) = \bigoplus_{n\in\mathbb{Z}} H^1(X_o,L^{\otimes n})$. On sait par ailleurs (IV 2.4) que $\underline{\text{Pic}}_{\tilde{X}/k} = \underline{\text{Pic}}^{\#}_{\tilde{X}/k}$ est représentable.

PROPOSITION 5.1.- On a $\underline{\text{Pic}}_{\tilde{X}/k} = \underline{\text{Pic}}_{X_o/k} \times W$, où W est un groupe affine unipotent de type fini.

Démonstration. Soit $J = \bigoplus_{n>0} L^{\otimes n}$ l'idéal de $\underline{O}_{\bar{X}}$ définissant $j(X_o)$ et, pour tout $m>0$, soit X_m le fermé de $\bar{X}$ défini par J^{m+1}. On a $L = j^*J$ et $j_*L = J/J^2$; de plus, comme L est ample, il existe un entier N tel que $H^i(X_o,L^{\otimes m}) = 0$ pour $i>0$ et $m \geqslant N$. Le raisonnement fait en IV 6 montre alors que l'homomorphisme canonique $\underline{\text{Pic}}_{\tilde{X}/k} \to \underline{\text{Pic}}_{X_N/k}$ est un isomorphisme.

D'après le dévissage de Oort (IV 4), le noyau de l'homomorphisme canonique $\alpha : \underline{\text{Pic}}_{X_N/k} \to \underline{\text{Pic}}_{X_o/k}$ est un groupe affine unipotent, soit W. Enfin la projection canonique $X_N \to X_o$ définit une section $\beta : \underline{\text{Pic}}_{X_o/k} \to \underline{\text{Pic}}_{X_N/k}$ de α, d'où la proposition.

Soit $\varphi : \underline{\text{Pic}}_{\tilde{X}/k} \to \underline{\text{Picloc}}_{R/k}$ l'homomorphisme canonique.

PROPOSITION 5.2.- Le groupe des diviseurs verticaux $\underline{D}_{\tilde{X}/k} = \operatorname{Ker}(\varphi)$ est constant égal à $\mathbb{Z}$, le générateur correspondant à la classe de L dans $\operatorname{Pic}(X_o)$ et à

0 <u>dans</u> W .

<u>Démonstration</u>. On sait déjà que $\underline{D}_{\tilde{X}/k}$ est étale (1.5). Dans ce cas particulier, il est d'ailleurs clair que l'application induite par φ sur les espaces tangents

$$H^1(X,\underline{O}_X) = \bigoplus_{n\geqslant 0} H^1(X_o,L^{\otimes n}) \to H^1(U,\underline{O}_U) = \bigoplus_{n\in\mathbb{Z}} H^1(X_o,L^{\otimes n})$$

est injective. De plus $\mathrm{Ker}(\varphi)$ est engendré par $j(X_o)$ considéré comme diviseur sur X , diviseur défini par l'idéal $J\underline{O}_X$ image réciproque sur X du faisceau L sur X_o .

PROPOSITION 5.3.- <u>Le groupe</u> $\mathrm{Coker}(\varphi)$ <u>est infinitésimal unipotent</u>.

<u>Démonstration</u>. Le morphisme $\bar{X} \to X_o$ est lisse et X_o est normal, les localisés de $\bar{X}$ aux points de la section nulle différents du point générique de cette section sont donc géométriquement parafactoriels d'après le théorème de Ramanujam-Samuel ; par suite l'homomorphisme $\underline{\mathrm{Pic}}_{\bar{X}/k}(\bar{k}) \to \underline{\mathrm{Picloc}}_{R/k}(\bar{k})$ est surjectif (1.8), autrement dit le groupe $\mathrm{Coker}(\varphi)$ est infinitésimal.

Montrons qu'il est unipotent. On peut supposer $\mathrm{car}(k) = p > 0$ et il suffit de montrer que l'application puissance p-ième sur l'algèbre de Lie $\bigoplus_{n>0} H^1(X_o,L^{\otimes -n})$ est nilpotente. Cette application est induite par l'application puissance p-ième sur l'algèbre de Lie $\bigoplus_{n\in\mathbb{Z}} H^1(X_o,L^{\otimes n})$ de $\underline{\mathrm{Picloc}}_{R/k}$, qui est elle-même induite par le Frobenius $F : \bigoplus_{n\in\mathbb{Z}} L^{\otimes n} \to \bigoplus_{n\in\mathbb{Z}} L^{\otimes n}$ $(x \mapsto x^p)$ du faisceau structural. Comme F envoie $L^{\otimes n}$ dans $L^{\otimes np}$ et comme $H^1(X_o,L^{\otimes -n}) = 0$ pour n assez grand, l'application induite sur $\bigoplus_{n>0} H^1(X_o,L^{\otimes -n})$ est nilpotente.

COROLLAIRE 5.4.- <u>Si</u> $\mathrm{car}(k) = 0$, <u>on a</u> $H^1(X_o,L^{-1}) = 0$.

<u>Démonstration</u>. En effet le groupe $\mathrm{Coker}(\varphi)$ est alors nul, en particulier son algèbre de Lie $\bigoplus_{n>0} H^1(X_o,L^{\otimes -n})$ est nulle.

On reconnaît le vanishing theorem de Kodaira pour le H^1 . Une démonstration algébrique de 5.4 avait déjà été donnée par D. Mumford [38].

<u>Remarque</u> 5.5.- Lorsque $\operatorname{car}(k) = p > 0$, D. Mumford a construit (loc. cit.) une surface normale X_0 et un faisceau inversible ample L sur X_0 tel que $H^1(X_0, L^{-1}) \neq 0$. M. Raynaud a récemment construit un tel exemple avec X_0 une surface régulière, auquel cas X est une résolution des singularités de R . Ceci donne des exemples pour lesquels $\operatorname{Coker}(\varphi)$ est non nul.

BIBLIOGRAPHIE

[1] S.S. ABHYANKAR. Resolution of singularities of arithmetical surfaces, in Arithmetical Algebraic Geometry, Harper and Row, New-York, 1965, p. 111-152.

[2] S.S. ABHYANKAR. Resolution of singularities of embedded algebraic surfaces, Academic Press, New-York, 1966.

[3] S.S. ABHYANKAR. Resolution of singularities of algebraic surfaces, in Algebraic Geometry, Oxford Univ. Press, London, 1969, p. 1-11.

[4] M. ANDRE. Localisation de la lissité formelle, Manuscripta math., 13, 1974, p. 297-307.

[5] M. ARTIN. Algebraization of formal moduli I, in Global Analysis, University of Tokyo Press, 1970, p. 21-71.

[6] M. ARTIN. Algebraization of formal moduli II, Ann. of Maths., 91, 1970, p. 88-135.

[7] N. BOURBAKI. Algèbre Commutative, Hermann, Paris, 1961-1965.

[8] J.-F. BOUTOT. Groupe de Picard local d'un anneau hensélien, C. R. Acad. Sc. Paris, 272, série A, 1971, p. 1248-1250.

[9] J.-F. BOUTOT. Schéma de Picard local, C. R. Acad. Sc. Paris, 277, série A, 1973, p. 691-694.

[10] L. BREEN. On a non trivial higher extension of representable abelian sheaves, Bull. Amer. Math. Soc., 75, 1969, p. 1249-1253.

[11] L. BREEN. Un théorème d'annulation pour certains Ext^i de faisceaux abéliens, Ann. scient. Ec. Norm. Sup., 4e série, t. 8, fasc. 3, 1975, p. 339-352.

[12] V.I. DANILOV. The group of ideal classes of a completed ring, Math. USSR-Sb, 6, 1968, p. 493-500.

[13] V.I. DANILOV. On a conjecture of Samuel, Math. USSR-Sb, 10, 1970, p. 127-137.

[14] V.I. DANILOV. Rings with a discrete group of divisor classes, Math. USSR-Sb, 12, 1970, p. 368-386.

[15] V.I. DANILOV. Rings with a discrete group of divisor classes, Math. USSR-Sb, 17, 1972, p. 228-236.

[16] M. DEMAZURE. Lectures on p-Divisible groups, Springer, Lecture Notes n° 302, 1972.

[17] M. DEMAZURE et P. GABRIEL. Groupes Algébriques, North-Holland Pub. Comp., Amsterdam, 1970.

[18] M. DEMAZURE et A. GROTHENDIECK. Schémas en groupes, SGA 3, Springer, Lecture Notes n° 151, 1970.

[19] J. DIEUDONNE et A. GROTHENDIECK. Eléments de Géométrie Algébrique ; chap. I : Springer, 1971 ; chap. II - III - IV : Pub. Math. I.H.E.S., 8, 11, 17, 20, 24, 28, 32, 1961-1969.

[20] A. DOUADY. Prolongement de faisceaux analytiques cohérents [Travaux de Trautmann, Frisch-Guenot et Siu], Séminaire Bourbaki, 1969-70, exposé 344.

[21] R. ELKIK. Solutions d'équations à coefficients dans un anneau hensélien, Ann. scient. Ec. Norm. Supé., 4e série, t. 6, 1973, p. 553-604.

[22] D. FERRAND et M. RAYNAUD. Fibres formelles d'un anneau local noethérien, Ann. scient. Ec. Norm. Sup., 4e série, t. 3, 1970, p. 295-311.

[23] J. FRISCH et J. GUENOT. Prolongement de faisceaux analytiques cohérents, Invent. Math., 7, 1969, p. 321-343.

[24] H. GRAUERT et O. RIEMENSCHNEIDER. Verschwindungssätze für analytische Kohomologiegruppen auf komplexen Raümen, Invent. Math., 11, 1970, p. 263-292.

[25] A. GROTHENDIECK. Technique de descente et théorèmes d'existence en géométrie algébrique I, Séminaire Bourbaki, 1959-60, exposé 190.

[26] A. GROTHENDIECK. Techniques de construction en géométrie analytique, in Séminaire H. CARTAN, 1960-61.

[27] A. GROTHENDIECK. Cohomologie locale des faisceaux cohérents et théorèmes de Lefschetz locaux et globaux, SGA 2, North-Holland Pub. Comp., Amsterdam, 1968.

[28] A. GROTHENDIECK. Le groupe de Brauer III, in Dix exposés sur la cohomologie des schémas, North-Holland Pub. Comp., Amsterdam, 1968.

[29] R. HARTSHORNE et A. OGUS. On the factoriality of local rings of small embedding codimension, Communications in Algebra, 1, 1974, p. 415-437.

[30] H. HIRONAKA. Resolution of singularities of an algebraic variety over a field of characteristic zero, Ann. of Maths., 79, 1964, p. 109-326.

[31] C. HOUZEL. Géométrie analytique locale, in Séminaire H. CARTAN, 1960-61.

[32] S. KLEIMAN. Les théorèmes de finitude pour le foncteur de Picard, in SGA 6, Théorie des intersections et Théorème de Riemann-Roch, Springer, Lecture Notes n° 225, 1971.

[33] J. LIPMAN. Rational singularities, with applications to algebraic surfaces and unique factorization, Pub. Math. I.H.E.S., 36, 1969, p. 195-279.

[34] J. LIPMAN. Picard schemes of formal schemes ; application to rings with discrete divisor class group, in Classification of Algebraic Varieties and Compact Complex Manifolds, Springer, Lecture Notes n° 412, 1974.

[35] J. LIPMAN. Unique factorization in complete local rings, in Proc. of the AMS Summer Institute, Arcata, 1974.

[36] S. LOJACIEWICZ. Triangulation of semi-analytic sets, Ann. Sc. Norm. Sup. di Pisa, Serie III, Vol. XVIII, Fasc. IV, 1964, p. 449-474.

[37] D. MUMFORD. The topology of normal singularities and a criterion for simplicity, Pub. Math. I.H.E.S., 9, 1961, p. 5-22.

[38] D. MUMFORD. Pathologies III, Amer. Jour. Math., 89; 1967, p. 94-104.

[39] D. MUMFORD. Abelian Varieties, Tata Institute, Oxford Univ. Press, Bombay, 1970.

[40] F. OORT. Sur le schéma de Picard, Bull. soc. math. France, 90, 1962, p. 1-14.

[41] M. RAYNAUD. Faisceaux amples sur les schémas en groupes et les espaces homogènes, Springer, Lecture Notes n° 119, 1970.

[42] M. RAYNAUD. Anneaux locaux henséliens, Springer, Lecture Notes n° 169, 1970.

[43] M. RAYNAUD. Spécialisation du foncteur de Picard, Pub. Math. I.H.E.S., 38, 1970, p. 27-76.

[44] M. RAYNAUD et L. GRUSON. Critères de platitude et de projectivité, Invent. Math., 13, 1971, p. 1-89.

[45] G. SCHEJA. Fortsetzungssätze der komplex-analytischen Cohomologie und ihre algebraische Charakterisierung, Math. Ann., 157, 1964, p. 75-94.

[46] M. SCHLESSINGER. Functors of Artin rings, Trans. A.M.S., 130, 1968, p. 205-222.

[47] J.-P. SERRE. Sur la topologie des variétés algébriques en caractéristique p, in Symp. Int. Topologia Algebraica, Mexico, 1958, p. 24-53.

[48] J.-P. SERRE. Cohomologie galoisienne, Springer, Lecture Notes n° 5, 1965.

[49] J.-P. SERRE. Algèbre locale. Multiplicités, Springer, Lecture Notes n° 11, 1965.

[50] C.S. SESHADRI. Quotient space by an abelian variety, Mathematische Annalen, 152, 1962, p. 185-194.

[51] Y.T. SIU. Extending coherent analytic sheaves, Ann. of Math., 90, 1969, p. 108-143.

[52] Y.T. SIU et G. TRAUTMANN. Gap-Sheaves and Extension of Coherent Analytic Subsheaves, Springer, Lecture Notes n° 172, 1971.

[53] G. TRAUTMANN. Ein Kontinuitätssatz für die Fortsetzung kohärenter analytischer Garben, Arch. Math., 19, 1967, p. 188-196.

INDEX TERMINOLOGIQUE

INDEX DES NOTATIONS

Vol. 460: O. Loos, Jordan Pairs. XVI, 218 pages. 1975.

Vol. 461: Computational Mechanics. Proceedings 1974. Edited by J. T. Oden. VII, 328 pages. 1975.

Vol. 462: P. Gérardin, Construction de Séries Discrètes p-adiques. »Sur les séries discrètes non ramifiées des groupes réductifs déployés p-adiques«. III, 180 pages. 1975.

Vol. 463: H.-H. Kuo, Gaussian Measures in Banach Spaces. VI, 224 pages. 1975.

Vol. 464: C. Rockland, Hypoellipticity and Eigenvalue Asymptotics. III, 171 pages. 1975.

Vol. 465: Séminaire de Probabilités IX. Proceedings 1973/74. Edité par P. A. Meyer. IV, 589 pages. 1975.

Vol. 466: Non-Commutative Harmonic Analysis. Proceedings 1974. Edited by J. Carmona, J. Dixmier and M. Vergne. VI, 231 pages. 1975.

Vol. 467: M. R. Essén, The Cos $\pi\lambda$ Theorem. With a paper by Christer Borell. VII, 112 pages. 1975.

Vol. 468: Dynamical Systems – Warwick 1974. Proceedings 1973/74. Edited by A. Manning. X, 405 pages. 1975.

Vol. 469: E. Binz, Continuous Convergence on C(X). IX, 140 pages. 1975.

Vol. 470: R. Bowen, Equilibrium States and the Ergodic Theory of Anosov Diffeomorphisms. III, 108 pages. 1975.

Vol. 471: R. S. Hamilton, Harmonic Maps of Manifolds with Boundary. III, 168 pages. 1975.

Vol. 472: Probability-Winter School. Proceedings 1975. Edited by Z. Ciesielski, K. Urbanik, and W. A. Woyczyński. VI, 283 pages. 1975.

Vol. 473: D. Burghelea, R. Lashof, and M. Rothenberg, Groups of Automorphisms of Manifolds. (with an appendix by E. Pedersen) VII, 156 pages. 1975.

Vol. 474: Séminaire Pierre Lelong (Analyse) Année 1973/74. Edité par P. Lelong. VI, 182 pages. 1975.

Vol. 475: Répartition Modulo 1. Actes du Colloque de Marseille-Luminy, 4 au 7 Juin 1974. Edité par G. Rauzy. V, 258 pages. 1975. 1975.

Vol. 476: Modular Functions of One Variable IV. Proceedings 1972. Edited by B. J. Birch and W. Kuyk. V, 151 pages. 1975.

Vol. 477: Optimization and Optimal Control. Proceedings 1974. Edited by R. Bulirsch, W. Oettli, and J. Stoer. VII, 294 pages. 1975.

Vol. 478: G. Schober, Univalent Functions – Selected Topics. V, 200 pages. 1975.

Vol. 479: S. D. Fisher and J. W. Jerome, Minimum Norm Extremals in Function Spaces. With Applications to Classical and Modern Analysis. VIII, 209 pages. 1975.

Vol. 480: X. M. Fernique, J. P. Conze et J. Gani, Ecole d'Eté de Probabilités de Saint-Flour IV–1974. Edité par P.-L. Hennequin. XI, 293 pages. 1975.

Vol. 481: M. de Guzmán, Differentiation of Integrals in R^n. XII, 226 pages. 1975.

Vol. 482: Fonctions de Plusieurs Variables Complexes II. Séminaire François Norguet 1974–1975. IX, 367 pages. 1975.

Vol. 483: R. D. M. Accola, Riemann Surfaces, Theta Functions, and Abelian Automorphisms Groups. III, 105 pages. 1975.

Vol. 484: Differential Topology and Geometry. Proceedings 1974. Edited by G. P. Joubert, R. P. Moussu, and R. H. Roussarie. IX, 287 pages. 1975.

Vol. 485: J. Diestel, Geometry of Banach Spaces – Selected Topics. XI, 282 pages. 1975.

Vol. 486: S. Stratila and D. Voiculescu, Representations of AF-Algebras and of the Group U (∞). IX, 169 pages. 1975.

Vol. 487: H. M. Reimann und T. Rychener, Funktionen beschränkter mittlerer Oszillation. VI, 141 Seiten. 1975.

Vol. 488: Representations of Algebras, Ottawa 1974. Proceedings 1974. Edited by V. Dlab and P. Gabriel. XII, 378 pages. 1975.

Vol. 489: J. Bair and R. Fourneau, Etude Géométrique des Espaces Vectoriels. Une Introduction. VII, 185 pages. 1975.

Vol. 490: The Geometry of Metric and Linear Spaces. Proceedings 1974. Edited by L. M. Kelly. X, 244 pages. 1975.

Vol. 491: K. A. Broughan, Invariants for Real-Generated Uniform Topological and Algebraic Categories. X, 197 pages. 1975.

Vol. 492: Infinitary Logic: In Memoriam Carol Karp. Edited by D. W. Kueker. VI, 206 pages. 1975.

Vol. 493: F. W. Kamber and P. Tondeur, Foliated Bundles and Characteristic Classes. XIII, 208 pages. 1975.

Vol. 494: A Cornea and G. Licea. Order and Potential Resolvent Families of Kernels. IV, 154 pages. 1975.

Vol. 495: A. Kerber, Representations of Permutation Groups II. V, 175 pages. 1975.

Vol. 496: L. H. Hodgkin and V. P. Snaith, Topics in K-Theory. Two Independent Contributions. III, 294 pages. 1975.

Vol. 497: Analyse Harmonique sur les Groupes de Lie. Proceedings 1973–75. Edité par P. Eymard et al. VI, 710 pages. 1975.

Vol. 498: Model Theory and Algebra. A Memorial Tribute to Abraham Robinson. Edited by D. H. Saracino and V. B. Weispfenning. X, 463 pages. 1975.

Vol. 499: Logic Conference, Kiel 1974. Proceedings. Edited by G. H. Müller, A. Oberschelp, and K. Potthoff. V, 651 pages 1975.

Vol. 500: Proof Theory Symposion, Kiel 1974. Proceedings. Edited by J. Diller and G. H. Müller. VIII, 383 pages. 1975.

Vol. 501: Spline Functions, Karlsruhe 1975. Proceedings. Edited by K. Böhmer, G. Meinardus, and W. Schempp. VI, 421 pages. 1976.

Vol. 502: János Galambos, Representations of Real Numbers by Infinite Series. VI, 146 pages. 1976.

Vol. 503: Applications of Methods of Functional Analysis to Problems in Mechanics. Proceedings 1975. Edited by P. Germain and B. Nayroles. XIX, 531 pages. 1976.

Vol. 504: S. Lang and H. F. Trotter, Frobenius Distributions in GL_2-Extensions. III, 274 pages. 1976.

Vol. 505: Advances in Complex Function Theory. Proceedings 1973/74. Edited by W. E. Kirwan and L. Zalcman. VIII, 203 pages. 1976.

Vol. 506: Numerical Analysis, Dundee 1975. Proceedings. Edited by G. A. Watson. X, 201 pages. 1976.

Vol. 507: M. C. Reed, Abstract Non-Linear Wave Equations. VI, 128 pages. 1976.

Vol. 508: E. Seneta, Regularly Varying Functions. V, 112 pages. 1976.

Vol. 509: D. E. Blair, Contact Manifolds in Riemannian Geometry. VI, 146 pages. 1976.

Vol. 510: V. Poènaru, Singularités C^∞ en Présence de Symétrie. V, 174 pages. 1976.

Vol. 511: Séminaire de Probabilités X. Proceedings 1974/75. Edité par P. A. Meyer. VI, 593 pages. 1976.

Vol. 512: Spaces of Analytic Functions, Kristiansand, Norway 1975. Proceedings. Edited by O. B. Bekken, B. K. Øksendal, and A. Stray. VIII, 204 pages. 1976.

Vol. 513: R. B. Warfield, Jr. Nilpotent Groups. VIII, 115 pages. 1976.

Vol. 514: Séminaire Bourbaki vol. 1974/75. Exposés 453 – 470. IV, 276 pages. 1976.

Vol. 515: Bäcklund Transformations. Nashville, Tennessee 1974. Proceedings. Edited by R. M. Miura. VIII, 295 pages. 1976.

Vol. 516: M. L. Silverstein, Boundary Theory for Symmetric Markov Processes. XVI, 314 pages. 1976.

Vol. 517: S. Glasner, Proximal Flows. VIII, 153 pages. 1976.

Vol. 518: Séminaire de Théorie du Potentiel, Proceedings Paris 1972–1974. Edité par F. Hirsch et G. Mokobodzki. VI, 275 pages. 1976.

Vol. 519: J. Schmets, Espaces de Fonctions Continues. XII, 150 pages. 1976.

Vol. 520: R. H. Farrell, Techniques of Multivariate Calculation. X, 337 pages. 1976.